2015
New Architecture in China

中国新建筑 下

商业 综合体 办公 研发 度假 酒店 会所

《设计家》编著

广西师范大学出版社
·桂林·

目录

访谈录 INTERVIEW

CONTENTS

商业 综合体 COMMERCE & HOPSCA

办公 研发 OFFICE & RESEARCH

度假 酒店 会所 RESORT & HOTEL & CLUB

访谈录
INTERVIEW

DESIGN ACCORDING TO ACTUAL CIRCUMSTANCES
不"自恋"，做"得体"的建筑

叶依谦

1994年毕业于天津大学建筑系，获建筑学硕士学位。教授级高级建筑师、国家一级注册建筑师、北京市建筑设计研究院有限公司副总建筑师、3A2设计所所长。代表作品有孟加拉国际会议中心、怡海中学、国际投资大厦、北京航空航天大学东南区教学科研楼、烟台世贸中心、天津海鸥工业园、中央警卫团后勤部办公楼、中国国电集团新能源研究院等，曾获2005年中国建筑学会青年建筑师奖、第二届全球华人优秀青年建筑师奖等奖项。

《设计家》：您怎么对建筑产生兴趣的？在求学阶段，哪些人对您产生了较大的影响？

叶依谦：我上中学的时候喜欢画画，所以高中毕业时想读一个跟画画有点关系的专业。通过我们家一位朋友的介绍结识了天津大学建筑系的邹德侬先生，他当时跟我介绍了一些建筑学的情况，我挺感兴趣的，就报考了这个专业。邹先生对我的影响特别大，可以说是从建筑学启蒙开始的，后来我本科毕业后也报考了他的研究生。他对我的影响体现在很多方面，其中最重要的是他严谨、理性的治学方法。如果说国外建筑师的话，对我影响最大的是理查德·迈耶。天津大学的建筑教育是源自法国的布扎体系（Beaux-Arts），我们系的教学体系比较注意形式，所以迈耶与我们的风格比较吻合。当时我们有些老师就很喜欢迈耶，在上课时曾经大量介绍他的信息。我从一开始就对他特别着迷，可以说他是我学业的启蒙者。

《设计家》：能不能给我们简单谈几个您觉得近年来比较重要的作品，谈谈它们的设计思路和设计的切入点？

叶依谦：我们最近几年做了几个比较大的央企的研发中心，比如北京神华低碳能源研究所、国电新能源研究院，还有一个就是正在启动的海油集团的研发中心。这几个项目相对来讲都比较大。值得多提一句的还有"西长安街10号院"。

先说北京昌平神华（集团）做了一个研发中心。我们是怎么来做这个项目的呢？我们首先去了解项目未来的使用者——一些从国外高薪聘请而来的科学家，这个项目就是他们的实验基地。我们跟他们沟通，让他们来谈未来这个项目投入使用后自己的需求和想象。这时我们发现，这和一般的办公建筑、教学建筑完全不一样。实际上，对于实验的工艺设计是非常严谨、高端的，所以我们要明白他们所需要的是什么，在实验室工艺上满足他们的要求；另一方面，这些科学家要在这里高强度地、全神贯注地连续做实验，同时他们也需要一个更加放松的交流环境。我们认为，这是研发项目的特点，要给科学家提供一个很好的场所，去平衡他们高强度的日常工作。它建筑里的有些空间，如果放在其他类型的建筑里就是浪费，因为它没有太多的功能，但是对于研发建筑来说，这些空间，包括室外环境恰恰是非常重要的，能平衡高强度工作，甚至启发灵感。这一类型的项目做得越多，我们越是觉得交往空间重要。总的来说，跟建筑真正的使用者沟通是很重要的，做设计就像做衣服一样，"裁缝"要做到量体裁衣。不同的科学家对自己想要的环境是不一样的，要沟通得非常深入。

国电新能源研究院刚刚落成。这个项目很大，地上、地下加起来有20多万平方米，包含了实验、研发、办公、专家公寓等多种功能。我们把场地环境作为设计的一个切入点，整个研发区围绕着一个 1 公顷的大院来做，办公、生活区也是围绕着院子做，所有的建筑都在空间上参与形成一定的公共关系。建筑落成后，它的室外环境跟我们所预期的一样，比较放松，但又能够体现它作为科研建筑的严谨和理性，不像住宅小区绿地的感觉。第二设计切入点在于实验和技术方面。实验室工艺设计顾问公司提出了一些要求，包括轴网的规格、建筑的层高等，我们把这些作为平面布局的基础，作为设计的基本出发点。这个项目，就是从这两个切入点来进行的。

西长安街 10 号院这个项目很难做，它所处的位置太敏感了。它位于长安街上，新华门正对面，国家大剧院的正西边。这也是我们觉得比较满意的一个作品，因为它跟长安街、天安门的关系，跟城市环境的关系处理得比较好。项目开展的前期，我们花了两年时间来研究它的高度、长度、风格等问题。在这两年里，我们从城市空间规划的角度作了许多调研，包括它的材质、颜色、质感等，还研究了从中南海、人民大会堂、国家大剧院等不同地理位置看过来这栋楼会有什么样的视觉效果……对于这些涉及城市设计的问题，我们把它们当作科研课题来做，直到问题都解决了，项目才进入实施阶段。在这样敏感的地方做项目，更多的不是强调建筑师的自我表达，而是要去塑造跟城市的和谐关系，这就需要建筑师放弃自我表达的欲望，超越所谓的个人品牌、地标等符号性的东西，去思考一些城市问题，这样才能得到一个相对比较合理的结果和答案。项目做成之后，我们得到了来自各个方面的反映，都认为还是比较恰当的。我们认为，建筑一定要恰当。做到"恰当"，项目就成了。

《设计家》：您如何看待"大院"体系对您设计工作的意义？您曾经用"站在大院肩膀上的宠儿"来描述自己，是什么让您有此感慨？

叶依谦：我觉得建筑师分很多种类型，比如说有做学术的，他们觉得建筑是一种学问；更多的建筑师在追求自我表达，我觉得他们可以说是"明星建筑师"，可能更多地将自我表达、艺术上的诉求作为自己的职业理想；也有像我这样一直在大院里工作的建筑师。比如说我的一些师兄弟，如李兴刚、徐磊等，我们都是从学校毕业后就到大院来了。在交流时我们发现大家的价值观、对职业的看法都很接近，认为建筑设计是一个比较讲究技术性的、综合的职业。

明确了建筑师的不同分类，才能更好地讨论"大院"对我们的意义。大院之于我们，是一个时代的选择，也可以说是"没有选择的选择"，而且我们的感受更多地来自于个人对大院的某种认同。我们进入北京院的时候，的确是"站在大院肩膀上的宠儿"。就像之前谈到过的那样，当时我们院里的许多老总、大师正处于年富力强的阶段，是那一代建筑师中的佼佼者，有他们来手把手地教我们怎样画图，怎样做方案，怎么跟人沟通……在这样的指点下成长，我们这代人是很幸运的。

《设计家》：对比于体制外的建筑师，您认为自己和"大院"建筑师所面对的生存现实、设计实现过程中的困难有什么不一样的地方吗？

叶依谦：其实，对于我们这些身处大院体系的建筑师来说，大量的机会是在被浪费。一些体制外的建筑师可能苦于得不到某些项目机会，在生活和自我表达之间游移。而我们，经常有很好的机会从我们手边滑过去，明明是很好的项目、很好的机会，但建筑师没有足够地投入，没有给予这个设计所需要的关注度。因此，我们来谈"现实和实现"，反而应该是不能太现实了，还是需要花更多的精力来关注项目。曾经我们就感觉处在崩溃的边缘，像是欠了很多债，如果长期那样的话可能就会有问题。现在从大的经济形势上看，有很多的不确定性，甚至是不被看好的状态，我觉得这对我们来说恰恰是一次调整的机会。我觉得，我们应该做的，是不要太被现实的因素困扰。

《设计家》：工作室目前的发展如何？

叶依谦：工作室现在有 40 个人左右。在我们院里，这是一个特别小的团队。近两年我们院向集团化发展，扩展速度很快，在走企业化的发展路线，要做规模、做产值、做大做强。相应地院里也提高了对我们的要求。但我想，只要没有碰到强制性的压力，我们还是会往自己设定的方向走，去打造一个足够精锐的团队。这符合建筑设计这个职业的规律——在这个行业里，单纯地"做大"并不可取。再大的设计公司，最终还是要靠一个一个的项目来证明自己。这是最重要的。我们还是要尽可能地把团队建设得更好，和一些优秀的团队相比我们的差距还很大，还有很长的路要走。

《设计家》：未来，工作室是否会对项目的类型进行新的扩展？

叶依谦：建筑设计是一个相对被动的行业，它毕竟是一个服务行业，我们做不到很主观地去选择，更多地是要跟着市场来选择。虽然现在院里有提出"专项化发展"这个方向，比如说有的工作室专门做医疗建筑、会展建筑、轨道交通等，我们被定义为是做办公和研发建筑的。但我们基本上只作一个设定，那就是尽可能不做地产项目，因为我们觉得在地产项目里，甲方并不是最终的使用方，他们只是把房子当作商品来卖，而我们是希望能够跟建筑的最终使用方进行点对点的交流，这样更便于提供符合他自己需要的产品。

GOOD HOTEL DESIGNERS MUST UNDERSTAND THE BRAND AND REGION

优秀的酒店设计师必须懂品牌、知地域

美籍华裔建筑师、中国东南大学、美国俄克拉荷马大学建筑硕士。美国建筑师协会会员、美国建筑画家协会会员、绿色建筑认证工程师。担任RTKL副总裁。从业22年中，拥有多种开发项目的建筑规划与设计经验。作为主创设计师参与了美国以及中国和中东等地的酒店、零售、商业综合体、高端奢华住宅、医疗、教育和公共建筑的设计。在RTKL，主持设计了海南万宁中信泰富君悦度假酒店、西安金地凯悦酒店、福州泰禾凯宾斯基酒店以及徐州云龙湖协鑫洲际酒店等知名国际高端品牌酒店。

《设计家》：请谈一下您的学习和职业的经历。

曹斌：我从很小的时候起就很喜欢画画，父亲在规划局工作，时常会看到他工作上的一些建筑模型的照片，我非常感兴趣。中学的时候，我虽然分在在理科班，但内心又很喜欢艺术和人文学科。高考的时候我的最佳选择自然就是将工科和艺术结合在一起的建筑学专业了。1982年进了东南大学（当时的南京工学院）攻读建筑学。在1989年研究生毕业之后，留校两年。1991年，去美国留学，自此在美国待了20多年。在美国期间，拿到美国建筑学的硕士后，先后在不同规模的大、中、小三家不同的建筑设计公司里工作。于1999年加入RTKL国际设计公司。近年，因RTKL在中国市场的日益成长，根据公司发展策略的要求，被从美国派来中国的上海分部建立和发展公司的设计团队。

《设计家》：RTKL对项目是如何管理的?

曹斌：在如火如荼的城市化的进程中，中国的建筑设计产业与市场也日渐成熟。随着整个市场的成熟度不断提高，需求量大，各种类型的建筑师事务所也都不断出现，和国际市场接轨，以满足市场不同层面的需要。原先作为美国设计咨询公司的RTKL，在2007年被并购后成为跨国公司ARCADIS的一部分后，它的管理战略变得更加国际化。RTKL上海公司在管理运作上有别于其他中小型的国际品牌事务所。第一，管理系统早已经超越了传统事务所的简单的管方法，通过电脑信息管理系统的整合，使得无论是资源还是项目的管理，都已非常的精细和专业化。第二，为了保证不同市场项目的设计品质，公司设计了横向的不同市场项目的技术管理系统，具体为商业地产(含零售与娱乐、酒店、办公和住宅)，公共建筑和医疗建筑。同时为了更接近各地不同的市场，我们又有纵向的区域管理系统，将公司根据地域化为美洲、亚洲和欧洲三个区域来管理。第三，作为业界的领导企业公司，公司投入大量的资源来贯彻前瞻性的技术和思想对产业未来发展的影响。在所有的项目操作管理上用国际上业内最先进的体系严格控制，保证项目设计的品牌质量。与此同时，RTKL也强调本土化经营，希望当地人做当地的事。我们公司在品质方面是纵向化管理的，但是在服务方面还是希望由本地专业人员提供服务。

在技术方面的管理，我们强调术有所精，每个设计师都应当是一类项目的专家，归属于某一个市场类项目。比如我是专门做酒店和商业综合体的，就不太会去做文化建筑。除此以外，我们还拥有先进强大的信息化项目管理系统，从业主在与你接触的第一时间开始，所有的信息资源便进入系统，开始对项目从合同谈判到设计完成，作一个全面的管理。我们的设计方法从来都时强调团队的集体智慧，而不是大师勾个草图后，让小朋友画图做出设计方案的模式。我们所做的并不是一个大师的作品，而是一个城市的建筑。所以，一定要整合团队智慧，在很多研发的过程中，发掘出灵感，来为这个城市打造出

具有精神意义的永恒的地标或场所。

《设计家》：您如何看待当下中国高端酒店的市场走向？

曹斌：我认为，中国正处于大规模城市化进程时期，高端酒店市场又曾有很长一段时间的空白，所以，在市场上有着强大的需求。以前，国际上最高端的奢华品牌酒店大都出现在夏威夷、迈阿密和加勒比海等地。而现在，在中国各大主要目的地也有很多诸如四季、丽姿、文华东方这样的全球顶端品牌的奢华酒店。国际品牌酒店的标准相比之前也有着较大的提高。在今天看来，中国许多新建的高端酒店的标准已远远超越了世界其他地方。如此快速发展的原因在于中国有市场的需求。而度假酒店和旅游产业又成为可以拉动地方经济的一大力量。

此外，城市酒店也是一个非常火爆的市场。现在的城市酒店，基本上都是与城市综合体整合在一起。这种形式相比单体建筑形式会使效益变得更大，和综合体内的其他业态相互拉动，提高土地使用的效率。酒店建筑通常成为一个城市的新地标。

随着市场的成熟度越来越高，酒店类型开始从高端往中端经济型发展。许多国际型酒店品牌在推高端品牌的同时推它的中端经济型品牌。高端酒店品牌也在中国从单一结构向复合型结构转变。例如英国的洲际、法国的雅高、德国的凯宾斯基，以及美国的万豪、凯悦、希尔顿、喜达屋等都开始在中国市场完整自己的各种品牌，从而增加市场份额。

《设计家》：您认为，成功的酒店设计中有哪些必须体现的因素？

曹斌：首先，酒店作为一个高级开发产品，复杂性要比住宅高出很多。每个酒店管理公司都有自己特定的品牌系列，每个品牌都有特定的技术标准，这是它的一个核心，占有极其重要的位置。每一个成熟的酒店品牌都是花了很多年打造出来的，所以作为一个酒店设计师，了解酒店品牌的特点非常重要。这其中不仅是具体的技术指标，还有不同品牌所正对的不同市场的特点。

其次，因为不同的酒店总是与其所在的地方相联系，所以酒店设计师还应当了解酒店所在地的文化：酒店一方面是商业开发项目，另一方面也是文化项目。一个好的酒店应该能够反映当地的人文气质和特点。对于旅行者来说，他们希望去每一个城市都能获得相同品牌的服务和设施标准，却能体会到不同地方的风土人情。这对建筑师的原创能力有着相当高的要求。在设计商业综合体内的城市酒店项目时，设计师更需要处理好酒店和其他各个业态之间的关系，同时这种综合体内部的酒店建筑通常会当作地标来做设计，这对建筑师有着很大的挑战，但也是做酒店设计的诱惑所在。

《设计家》：针对现在中国的城市现状，你对其未来的发展抱有怎样的看法？

曹斌：我对中国城市的未来充满希望。我觉得中国城市建设现在处于一个高峰期进入成熟期的过程，一些政府官员也已经意识到我们各地的城市建设必须要有自己的特点。事实上，每个国家都曾经历过这样的一个过程。像我们这样做地标性大尺度项目的设计公司，理应对城市的整体发展贡献积极的影响，通过每个项目的高品质设计来提升城市生活的整体水平。

SUSTAINABLE URBAN AND RURAL DEVELOPMENT
都市更新 乡村复兴

郝琳

都市设计的关键是汇聚人心的活力

从设计师的角度思考，成都太古里这样的大型综合都市更新项目涉及中国都市的未来发展问题，以及都市中心的永续经济活力的驱动问题。其间，建筑的语素、敏感度固然十分重要；不过，这些反倒不是这类都市更新项目成功的最根本要义。这一点，我们的思考与当前中国绝大多数城市综合体的建案方法具有不同点。

在大慈寺，设计的根本理念可以理解为"都市中心"的空间与价值再造。作为市中心的规划与建筑，需要赋予空间混合性、渗透性、开放性、多元性、文化性、参与性、生态性、舒适性。在大慈寺，我认为空间计划的关键是社会性的汇聚人心的设计。这里培育的社区价值，是聚合而非分离，是影响而非控制，是多元而非单一，是参与而非夺取。

非外非内的短窄密的街巷空间，依循着城市固有的概念，呈现了比建筑更为重要的建筑群落之间的环境。对比在一个盒子的框架里策划空间而面对的界限，群落的建筑更具越界的特性及中国的内涵；也因为是创意的中立区，所以更利于规划公众空间，进而包容不同年龄、社会阶层、族群、社会生活、文化资产、公共艺术、环境再生、地方风土。

在突破建制化的都市设计方面，好的设计是以直接面对城市和公众社群的形式做建筑的，并将市井生活埋藏在街坊和建筑的空间里，不拘形式，打成一片。成都太古里这样的都市计划就是将庞大的工程拆分成几十个量体，彼此貌似，但却定义着不同尺度和城市场景的组合；商户也有自我表达的空间和适应弹性。群落间的那些与都市环境和文化遗存密切结合的广场、快慢区的街巷、文化历史老房子、餐厅、剧场、夜店、花园、店铺等一系列空间与其活动，建立了一个欢愉、多元化的永续创意里坊。

生态、生计、生活、生产、生命——确立建筑家再次出发的起点

在主持大慈太古里这样的大型都市更新计划的同时，我和团队亦十分关注更为广阔的乡村复兴。比如，我最近在协同乡村营建社、剑桥大学、香港中文大学、儿基会、福建本地的大学等机构，开展武夷山生态村和相关观光产业的规划设计与实施工作。项目位于 UNESCO 自然与文化双遗产的场地，地处历史悠久的崇阳溪吴屯村。可持续发展乡镇的示范包括社区支持、生态旅游、自然农法、绿色农屋、环保基建、低碳竹建、乡土教育等方面。本项目将于 2014 年秋冬陆续落成。

同时，在四川雅安，团队也正在策划开展太古地产支持的社区再造计划。此案旨在当地发展竹创中心，以政府支持、慈善和社企运作为根本的基础，在当地建立我国首个与竹子相关的生态环保的技能培训、研发中心和创意工坊。

对于长久生活在大都市的我们来说，现在踏足在乡间小路上，迫切的是要看清楚这样的一个事实：生活在新世代的群体，是多么地倚赖自然、田野和农人，也多么迫切地希望设计经营那些真实和质朴的日子。我也是希望借由这样的设计方法和营商模式，确立我们作为建筑家再次出发的起点。

生于长于北京。学者、建筑师、编辑、民间永续创意推手。清华大学建筑学学士，加州大学伯克利分校建筑学硕士，剑桥大学建筑学博士。担当国际著名绿色建筑事务所 INTEGER Intelligent & Green 执行董事，Oval Partnership 事务所董事合伙人，大中华乡村社区支持非营利智库"乡村营建社"创始人，香港中文大学兼任副教授。郝琳主持的建筑作品屡获国际殊荣，包括 RIBA 英国皇家建筑师协会国际建筑奖、WAN 世界建筑新闻网年度总冠军奖、三度 DFAA 亚洲最具影响力设计奖、两度 Perspective 亚洲透视设计大赏年度总冠军奖、HKIA 香港建筑师协会作品奖、Bloomberg 彭博中国年度最佳住宅设计奖、MIPIM 亚太都市更新奖等。郝琳兼任《生态城市与绿色建筑》ECGB 杂志副主编、WA 世界建筑和 AJ 建筑学报等知名学术媒体的客座主编。论著与作品参展众多，著有《建筑先锋绿见未来》一书。在中国，郝琳与众多国内外顶尖客户合作，是包括隐舍 Innhouse、太古里成都 Taikoo Li Chengdu、四川毕马威安康社区中心、昆明 INTEGER 竹屋、武夷山吴屯生态村等一系列永续建案的设计总监。

PROMOTE REGIONAL CULTURE IN MAINSTREAM ARCHITECTURE

在主流建筑中推动地域文化

李剑波

HMD 中国资深设计师、董事。曾任阿特金斯顾问（深圳）公建筑部经理、主任建筑师，以及中深瑞城规划建筑设计有限公司设计总监、首席设计师。具有 20 年的建筑设计及规划设计的工作经验，在城市设计、大型综合居住社区及城市综合体的规划设计，以及居住、办公、酒店、教育、文化等各类建筑设计及项目管理方面具备丰富的经验和能力。代表作品有上海松江广富林规划及建筑设计、万科武汉城市花园（五期）规划及建筑设计、北京银泰世贸中心（国际方案竞赛）、深圳市中信龙岗高尔夫度假酒店及会所、上海松江高级中学、深圳宝安新城文化演艺中心规划及建筑设计等。

《设计家》：首先请谈一下您的学习和职业的经历。

李剑波：我个人的经历挺简单的。我是一个比较典型的中国本土设计师，1991 年从湖南大学建筑系毕业到一家大型国有设计院工作了 8 年，接着到阿特金斯（Atkins）工作了大概 8 年，然后出来和一些合作伙伴创立了现在的公司 HMD，到现在大概有 4 年时间。这个过程很简单，但每个阶段都对应着不同的学习过程。在设计院，我更多的是了解中国本土化的工作流程，然后在外企里学习它们解决问题的思路和管理模式。我现在的工作，包括对设计的看法、管理的理念都体现了两个阶段经验的融合。

《设计家》：您觉得，做一体化设计对团队来说最困难的地方是什么？

李剑波：最困难的事情在于我们传统的建筑教育方式是单向的，从大学专业设置开始就是片段化的，规划、建筑、景观和室内之间彼此脱离，虽然也有一些共同的课程，但绝大部分的课程都是相对专业化的。这样做的好处是学生一毕业就能开展工作，但他们的复合能力会相对偏弱。到了设计机构，专业之间横向的知识融通不足，造成设计师解决问题的能力有限。实际上，城市不是简单存在的，高复合度的工作才能解决问题。因此，我们带领着团队培养这方面的意识，边摸索边学习，渐渐让整个设计团队都能具备跨领域的知识结构和工作能力，经常和相关专业互动，形成自己的工作文化。这是最困难的地方，需要一些时间。目前来看，我觉得团队建设的情况还是比较理想的。虽然 HMD 成立只有 4 年，但团队里的核心成员本身都在这个方面努力了很长时间，意识和方向比较清楚，也基本上具备了这方面的能力。

《设计家》：那么，从客户方面来看，他们的接受度如何？

李剑波：许多客户也慢慢开始接受我们的思维方式，认同度较高。我想，其实所有客户对这样的服务都有需求，因为没有人愿意自找麻烦，去接触新的规划师、建筑师，然后在中间进行衔接和调度。如果说有些客户对此抵触、抗拒，可能是因为我们做得不够好、不够到位，专业度还不够高，让他们产生怀疑。

《设计家》：你们在悦榕庄项目里对地域文化作出了一些回应，这是针对具体的项目，还是在大部分项目中都关注的方向？

李剑波：这是我们主要的发展方向。我们一系列的项目都在走这条路线。随着中国国力的增强，各界对本土文化的信心也在恢复。10 年前，乃至更早一些，我们大量引入了外来的文化，尤其是欧美文化。随着文化自信心的恢复，我觉得人们会更多地开始关注并回归到自己的文化。作为设计师，我们看到了整个社会，包括业主的改变，对此非常高兴，也很希望把本土化的、高品质的设计作品展现给客户、展现给城市。

我是一个比较纯粹的本土设计师，所以会更关注本土文化。设计是有语言的，我们做任何一个项目，其中可能都会包含三种语言——英语、普通话和方言。英语，代表着项目的国际性和品质，包括技术、对环保的考虑等。谈到品质，很多人不接受"本土化"是因为他们有一种错觉，认为自己的本土文化或是传统文化代表着过时，代表着落后，代表着低品质。这也是我们推进本土文化设计的时候来自业主方面最大的心理障碍。对此设计师是有责任的，设计师要能够"讲英语"，把项目的品质做到跟国际接轨。这是一个前提条件。接下来，"讲普通话"的意思，是说我们要对整个中国文化，乃至东方文化有比较充分的理解。然后，我们还要会讲"方言"，在每个设计里都尝试把方言引入。所谓的方言对应的是地域。我们希望每个设计都能够在特定的地域里很自然地存在着，能够为本土的人所理解。这样的设计可能来自于我们对不同地域气候、人文、城市、文脉，包括生活方式，历史、人的特点等。我们生活在这片土地上，在理解以上因素时是有优势的，所以也有责任做得更好。

刚才您谈到悦榕庄，这个集团本身就对地域化有很深的理解，它在坚持品质的前提下引入当地文化，这和我们的价值观非常吻合。在其他大量项目里我们也采用了这个逻辑。如果说在设计中推广本土文化，在公共建筑，特别是文化建筑中相对容易，而在主流的商业建筑、居住建筑中则不容易做到。比如最近完成的万科的昆明苑是一个住区项目，我们抓住了昆明的"方言"特点，在空间流线上展现出了云南和丽江的文化。当地政府部门对此也很认同。从客户的角度看，他们本来希望我们做成西班牙风格，但经过沟通，最终取得了共识。许多住户来这里看房子，能感觉到其中有自己本地的文化，心理认同度比较高。因此，项目也取得了商业上的成功。

在不同地区我们都有这样的尝试。在上海松江的广富林项目，我们用现代的设计手法去展现江南水乡的意境。在云南大理的酒店项目，我们结合洱海、结合白族的文化来做设计。在贵州，我们把梯田和村落作为主要的设计理念。最近我们在西安有一个高层的住区项目，考虑到目前城市用地越来越紧张，容积率也越来越高，我们去思考怎样在高楼林立的城市环境里重现西安传统的空间层次，尝试把西安的院落文化体现在高层住宅里。可以说，对地域文化的关注是我们整个公司目前一个主要的设计价值观。

《设计家》： 作为设计师，您觉得怎样能更好地让包括开发商在内的各界接受您对地域文化的坚持?

李剑波: 还是要通过设计师的努力，让更多的市民和业主都看到其中的价值。实际上，设计师有责任用大家能接受的方式去好好地阐释，而不是采取"贴皮"的方法，只给建筑穿上一层传统的外皮，那样的建筑不伦不类，跟城市是完全脱节的。对传统的东西不加分析和提炼地移植过来，自然很难满足现代人的要求和创新的要求，业主也不会接受。我觉得建筑师需要继续去扭转以上的局面。

《设计家》： 您目前主要负责的工作是哪些?

李剑波: 我的角色还是比较多的，一共有四个。第一，公司的合伙人，承担相应的管理工作，比如说参加董事会、股东会、管理会议等，更多的是要把握企业的发展方向和企业文化。这部分工作大概会占用我 10% 的时间。第二，目前我还担任 HMD 深圳公司的总经理，负责深圳公司的运营和团队建设。第三，我也是公司的"设计董事"，实际上就是在团队培训过程中当一个教练，给出适当的指导。第四个角色是我很看重的，那就是建筑师，去直接做项目设计。这部分工作占用了我 50% 到 60% 的时间。未来，我觉得可能会把更多的时间放在设计上，把管理和一些其他工作分散给职业团队，或者是交给公司里的年轻人。

HOTEL DESIGN MEANS LIFESTYLE DESIGN THAT BASED ON CITY INFORMATION
酒店设计，是基于整个城市信息之上的生活方式设计

中国国家一级注册建筑师、美国土地协会（ULI）
会员、加拿大皇家建筑师协会会员（RAIC）、AAI
国际建筑师事务所副总裁。
2003 年至今 AAI 国际建筑师事务所
1998—2003 年 B+H 国际建筑师事务所
1990—1998 年 中船总公司第九设计研究院
1986—1990 年 同济大学建筑系
供职 AAI 期间主要工程项目有海南香水湾君澜度
假酒店、苏州中茵皇冠假日酒店、天津梅江南大
岛酒店、常州马可波罗酒店、上海临港新城滴水
湖南岛酒店、宁波二十一码头等。

《设计家》：能否简单介绍一下您是如何对建筑设计产生兴趣的？并请谈谈您主要的职业经历。

蔡楚曦：我是 20 世纪 60 年代后期出生的，在我们那个年代，社会并没有像现在那么多元化。当时受家庭背景影响进入同济大学建筑系学习，大学毕业之后在一家国内的设计院工作，在那里完成了建筑学的初期实践。1998 年，我进入加拿大排名第一的事务所工作了 5 年。在此期间，得以在建筑设计的广度和深度上收获专业历练和知识提升。与此同时，因为恰逢中国市场刚刚打开，建筑领域也拥有了较好的环境。2003 年，我便与我志同道合的建筑师团队，共同成立了现在的 AAI 国际建筑师事务所。我觉得 AAI 能在过去十余年有个稳定增长的核心在于，我们在了解中国客户的需求的同时，加入了来自加拿大合伙人的设计理念、管理方法及建筑上的新思路。

《设计家》：请谈一下 AAI 的成长历程。

蔡楚曦：在这 11 年的发展中，AAI 的成长历程可大致分为两个阶段：最初的六七年，在上海事务所用的是加拿大的作业方法，强调的是在为客户需求服务的基础上，讲究设计、服务的专业性及技术的可行性。而过渡到今天，我们更加注重市场的需求，已经转变成为以项目部为主的模式。之所以有这样的改变，是因为我们感受到地产市场已经分化成产业化的需求与定制市场的需求两个方面。产业化里最典型的是住宅市场，它的诉求目标是更快、更好、更省，比较类似制造业的模式；而我们谈到的旅游地产便是一种定制地产的需求，它延续着我们原本作业的习惯，考虑客户的需求，提供给客户商业解决方案。所以，现在，在我们设计服务方面，一部分需跟产业链接轨，而另一部分则是满足定制市场的需求。

《设计家》：请谈谈 AAI 在设计团队和设计质量管理方面有哪些经验。

蔡楚曦：AAI 非常关注客户的体验，要让客户在整个过程中不断地发现惊喜；还有一点是在酒店管理运营方面，我们和酒店顾问公司合作经验较为丰富。在酒店实现过程中，设计师对于平时生活，以及设计过程中的观察尤其重要。作为一个设计师，必须学会观察，在观察中发现需求。当然，AAI 在酒店项目的设计过程中也有一套成熟的管理方法 一方面，酒店项目需要相应的作业团队来配合，不仅仅景观设计、室内设计，还包括机电、洗衣房、厨房、垃圾处理、灯光等的设计。而我们娴熟于与这些团队的多向合作，能起到效果良好的统领作用。另一方面，我们对施工现场进行有效的掌控。首先，我们有一些联系密切的顾问公司团队，在某些关键节点和功能上，通过他们让我们更早地感知到未来可能碰到的困难，并告诉对方，让其能尽早地解决。其次，我们还拥有现场到访的技术，

可以在现场通过英特网把画面传回公司，可以将一些施工现场所发生的突发状况等问题及时解决。除此之外，酒店行业还有一个特殊的角色为开店经理。所谓开店经理，主要负责在酒店开店前 12 ~ 18 个月内各个领域的工作。无论是土建、室内设计、施工过程、采购、员工培训还是机电方面，他们都可以用自己的经验，以及与我们的配合共同解决，是一个全能的角色。我们可以跟这个开店经理在硬件组合上有一个互相依托的良好关系，从而对酒店最后所呈现的形态有一个高质的把关。

《设计家》：您认为，中国酒店市场的现状怎样？对设计师提出了什么样的新挑战？

蔡楚曦：目前，酒店品牌市场里有越来越多的新鲜品牌进入。它就像是互联网对许多传统领域的冲击一样，改变着这个市场原来的一些情况。有一些跨界品牌找到了自己很好的切入点之后，把品牌效应进行了延伸。比如我们现在做的一个项目萧山兰博基尼酒店，公众对于这个品牌的了解来源于其血脉喷张的汽车传奇，事实上，除开汽车行业的品牌权属已归属于"大众"之外，根据法律，其家族成员保留了其在其他产业领域的品牌使用权。如今它也比较成功地成为一个跨界品牌，而以其命名的酒店则会表现出有其品牌内涵的体验感。另外一个趋势是，以往酒店项目中，四五万平方米的酒店较多，而最近出现了许多一两万平方米的酒店。我认为其原因有两个方面，一方面是酒店入住率在奥运、世博这两个大规模活动过去之后，客房的需求量开始减少；另外一方面是，一到两万平方米的精品酒店的投资比四五万平米的大型酒店低很多，与此同时，它的投资回报更活跃，更有想象力。

虽说酒店业过去十年黄金发展的态势不再，但我仍然对酒店未来抱有乐观态度。我们看到，在近两年，在酒店市场入住率拐点往下的大背景下，出现了特色设计，给酒店设计行业带来了一些竞争的机会。与此同时，一些小众品牌，以及进入这个市场的"新进入者"可能会有更好的机会。

关于旅游地产业的规划，它可能是一个以酒店为核心的城市设计。比如最近 AAI 做的一个重庆渝中半岛下半城的改造项目。追溯到 19 世纪末期，由于政府不允许外国人士在城门内建房，城门外渝中半岛区域就建了很多西洋建筑形式的银行及银行代理机构，以前属于外商的办事处。100 多年之后，那个地区依旧没有发展。所以，这个项目并不只是简单地在那个区域建一个酒店，而是要把原来的开埠文化跟我们现在的一些城市特性，以及更广域的旅游目的地融合到一起。这不是一个单纯的服务，而是设计思维的较量。这些也是我们现在设计领域的核心竞争点。

《设计家》：您觉得一个成功的酒店设计必须包含哪些因素？

蔡楚曦：能否成功，最主要还是看业主。我在和同事交流的时候这样说过，建筑师是拿着业主的预算来实现业主的价值。只有在实现业主价值的前提下，才能把建筑师自己的生活观、设计观在这个设计当中娓娓展开。所以从这点来说，一个成功的酒店，第一要看业主本身，之后也必须有个专业的团队。从第一步的前期策划公司到酒店管理公司，以及在酒店内的开店经理，每一个岗位的员工都是不可或缺的角色。实际上建筑师在大多数酒店内的角色并不显眼，但即便是在这样一个大格局下，建筑师还是有非常大的可创造空间，比如说酒店落客大堂、外观的形制、客房的布局、空间的体验感营造等。

一个规模较大的酒店品牌管理公司的核心是国际化，它一定程度上希望这个模式不仅对全世界有效，对这个地域也有效；而我今天提到的一些新兴品牌，它们需要利用地域的创意、独特的文化创意来吸引客人，并通过这些创意在这样一个自由的市场里突围而出。因为一种业态在新兴时，创新是唯一往前的动力。我觉得，在未来十年，求新求变是客户的主流需求，AAI 在酒店设计领域上，创意将是长久的竞争点。

DESIGNING WITH THE CONCERN OF SOCIAL ASPECTS

坚持社会层面的思考 深耕建筑实践

毛厚德

1988 年留学东京工业大学，期间师从于建筑大师坂本一成。1992 年获得东京都立大学建筑意匠学硕士。1992-1999 年于（株）日本设计（师从于日本建筑大师小林克弘）担任首席设计师。2000 年创立艾麦欧上海子公司，曾主持设计了日本长崎—荷兰村，东京迪斯尼海，东京品川新干线大厦等作品。

《设计家》：请先简单介绍一下 M.A.O. 发展的情况，目前已经到了一个什么样的阶段？

毛厚德：M.A.O. 从 2000 年进入中国以来，由于承接了一系列热点地区的核心项目（例如上海五角场万达、大连万达中心等），其影响力慢慢跳出行业和政府领域，为更多人所熟知。许多项目得到了大众和普通媒体的热烈反响和积极评价，达到了经济与社会效益的双赢，这一直是我们努力的目标。M.A.O. 并不是一个只追求利益的企业——它是一个雄心勃勃、不甘于平庸的企业。2012 年是我们的一个重大转折点：M.A.O. 将跳出海归背景，转变成为一家立足本土、向世界辐射理念的先锋型中国事务所。我们的作品，估计将以每年完成两三个的速度呈现给社会。

《设计家》：这次发表的大连万达的项目，您觉得城市综合体的核心理念中哪些是今后可以持续的，哪些是您已经超越的？

毛厚德：这次大连万达中心项目和万达常规的商业综合体有些不一样，它可能不属于商业综合体的范畴，它的主要功能还是以酒店为主。其实商业综合体这个概念，是 M.A.O. 在与万达早期合作中，首次在中国提出的概念。当然，经过了十几年的发展，万达模式在中国商业综合设施发展的过程中，起了非常大的示范作用。在业态的组合、商业的聚集等方面，积累了丰富经验。面对着今天城市的发展要求，我更愿意用另外一个词来代表未来的开发形态：城市综合体。我认为城市综合体和商业综合体是有区别的：商业综合体为人们提供了一种基于购买行为的聚集模式，而城市综合体不仅停留在物质交换上，可能还有广泛的含义，比如说对地域性、文化性、产业发展性等。电商的崛起加速了中国百货业的萎缩，单纯的商业综合体也由此受到极大的冲击。除了增加体验性、地域性和文化性之外，我更加关注基于产业发展所带来的人的聚集。特别是在一些人口呈现流出状态的三、四线城市，由产业整合将形成的城市综合体，往往扮演越来越重要的角色，带来这些城市社会活力的二次复兴。

中国正在提倡城镇化的发展，但我认为，它绝不能依靠复制一、二线城市发展的模式，去创造所谓五线、六线城市。而 M.A.O. 正展开实验性研究的、以产业聚集为代表的新型城市综合体，将是未来新兴城镇化发展的一个趋势，提供了充满前景的方向。从这个大背景看，应该重构现有商业综合设施的体系，这是我对城市综合体未来发展方向的一个看法。

这是实验性的研究，但我们认为它是未来发展的一个趋势，也符合了习总所提出的城镇化思考。我觉得这种城市综合体，在未来的城市整合中可能会更重要。它应该跨出简单的商业领域，才能迎接新的挑战。从这个大背景看，我们应该重构这个体系，这是我对商业综合体未来发展方向的一个看法。

《设计家》：花桥游站的项目，实现了您的哪些想法？

毛厚德：花桥项目实际上在我们研究城市综合体的过程中扮演了一个前哨站的作用。这个项目是以人群聚集去倡导一种社会现象。虽然"金字塔"的造型引发了社会轰动，但对我们而言，这个形态并不是设计初衷或是终极目标，它只是我们系统思考的一个必然结果。我们的真实目标，是针对80后"工作非工作，生活非生活"的特征，为目标人群创作符合他们价值观的生活和工作环境。当然这个项目也包含了我们对产业发展的研究。以产业聚集为例，我们通过创造个性空间，吸引目标客群，诱发出期待，推动媒体效应，最终引发聚集现象，孕育出产业发展的可能。目前这个项目社会反响热烈，销售情况非常良好，成为了江苏产业升级的一个样本，获得了花桥、苏州市乃至江苏省政府的大力支持，也接受了一百多位市长的考察。当然，结果是检验设计目标是否实现的唯一标准，我们现在更加关注当企业和商家进驻以后，它们会形成怎样的产业变化和现象，这也是一项面向未来的有趣社会实验。

《设计家》：我们还看到罗浮山别墅的项目，是跟贵所之前的城市综合体、大型办公设施完全不同的单体的小建筑。

毛厚德：M.A.O.似乎带给外界一个误解：即这是一个只设计商业综合体或高度复合的城市设施的专业公司，但我们并不是以建筑功能或体量来限定设计的边界。无论商业建筑、办公建筑、旅游设施抑或是住宅，我们的思考和研究是从同一个出发点出发的，只不过因为对象的需求不一样，所导致的结果完全不同。

在住宅领域的研究，我们仍强调的是对社会现象的关注：这种现象既可以是年轻的、大众化的，也可以是针对少数富豪群体。比如花桥游站项目，我们强调的是如何创造80后的有效聚集并形成产业发展；而罗浮天赋项目，作为极高端私人定制性住宅、会所和俱乐部的定位，更多关注成功人士的思维境界。其实这个项目中没有特别复杂的理念，只是阐述了一个观点，即进入一个自我世界，寻找心灵的平静、喜乐和归属，达到道家"无为"的意境。但是设计手段上，它却非常大胆：比如在最陡峭的地方建造房子，提供一种不寻常的视野和体验；比如会让建筑向下生长，以寻找到与自然最亲密的接触等。此外，我们并不破坏任何自然的景观，充分尊重自然，使我们的建筑看似从土里生长一般，与周边的世界浑然一体。

《设计家》：M.A.O.目前关注的重点是什么？今后还会朝哪些方面发展？

毛厚德：M.A.O.仍然继续执行2012年制定的发展计划，立足中国面向国际。中国的经济发展，已经超过欧美、日本或是迪拜的历史经验，展现出全新的姿态。映射到建筑设计市场，这些发达国家的成功经验，已经不全或不再适用，我们决不能用发达国家的放大版或缩小版来构想我们未来的城市。所以我们极其关注中国社会的动向变化，并为此作专项的研究：在新兴地区城镇化发展的大背景下，我们延伸出对产业聚集和地域文化的研究；在已开发城市中，我们反思商业综合体是否饱和，并为它们寻找新的动力来源；在更大的范围下，我们还作更加前沿的思考，比如基于网络的智慧型城市模型的研究等。

昨天我们曾经是万达规则的推动者，今天我们成为这个规则的挑战者，这种转变正是建筑师最大的魅力：不断地挑战，不断地去发现这个社会出现的变化。我们也希望把我们的一些思考通过作品与整个社会共享，当然同时也希望未来我们能够成为这个行业的一个游戏规则的制定者或是参与者，那对我们来说将是最高的荣耀。现在我们必须扎扎实实地把手头的事情做好，把M.A.O.跟一流公司的差距一步步缩小。虽然我们是一个海归事务所，但希望未来走向国际的时候，我们听到的评价是M.A.O.是一个来自上海的一流事务所，而不是日本的事务所，这是公司的战略，也是我的情结。

THE PURSUIT OF CREATION, PROFESSION, AND INTEGRATION
讲求创新、专业、整合能力

张华

博士，国家一级注册建筑师。北京三磊建筑设计有限公司总裁、设计总监。带领三磊完成了大量城市设计、公共建筑和住区的设计工作，其中宁波交通银行获浙江省优秀设计奖，宁波建设银行获得建设部优秀设计奖，北京西单光大银行与民生银行大厦获北京市优秀设计奖。他倡导专业精神与整合的工作方法，将技术、环境、经济和人文因素统一考量，致力于可持续的城市建设。

《设计家》： 我们先从您对建筑产生兴趣，学习建筑的过程谈起吧。

张华：我 1979 年上大学，是恢复高考后第二批学建筑的学生。上大学之前我并不了解建筑学——在梁思成之前，我们中国没有建筑学的概念，后来文革期间又停办了这么长时间。那时候社会上讲"科学的春天"，我们抱着"科学救国"的想法上了清华，却发现建筑系的课程跟其他系都不一样，怎么要求天天去画画？有一段时间我是比较迷惑的。记得一年级时有一个课程让我印象很深，它的目的是让一个还不了解建筑学的人对建筑产生兴趣。那时候我们要用鸭嘴笔画螺旋线，用云形尺，要把线条贴得很漂亮，很顺畅地画出来。用鸭嘴笔，如果一不小心把墨滴上去，可能一个月的功夫就白费了。现在回想起来，这个课磨炼了我的性格，通过画画去体会线条、渲染，它对于我们眼睛的训练、美的训练是深入骨髓的。

1984 年我开始读研究生，接着又读博士，导师都是李道增先生。他的言传身教对我影响非常大。硕士毕业时我的论文是基于中国儿童剧场的项目实践。李先生给了我很多启发，也放手让我去做，从与文化部联系这个项目开始，到找施工图的设计单位、联系舞台机械和灯光的配合单位，联系我们学校的声学专家……贯穿了从项目策划到工程完工的整个过程，实际上我是担当了项目经理的角色。博士期间，我的论文写的是关于旧城整建的历史延续性、个性和整体性。这个题目很有前瞻性，那时中国很多城市还没有大拆大建，放到现在来看它仍然非常重要。博士三年的学习和写作对我后来的整个职业生涯影响还是挺大的。

《设计家》： 您觉得，有哪些理念是您在不同类型项目中都会坚持的？

张华：我们都受过"建筑学要有自身独立性"的教育，认为建筑师这个职业是有责任、需要正确价值观的，不是简单的纯服务行业。这就使得建筑师很困难，因为他不会因为提供简简单单的服务就感到舒服，有时恰恰是因此感到不舒服。一边是建筑师的特性，一边是市场，建筑师的理想必须通过市场来实现，而市场实际上又是很残酷的。这是一个永恒的矛盾，也与话语权有关。这些年，随着社会进步，建筑师受尊重的程度和话语权是提升的。我个人，包括三磊的观念，都是首先关注一个建筑和它周边的关系——不管这个"周边"是建筑还是自然环境。我们的城市中有个很大的问题，就是建筑单体各自为政，导致建筑与建筑之间的空间是负面的。实际上，每一个建筑都可以对城市空间有所贡献，所以建筑一定要跟环境形成最好的配合关系。这个观念与我早期研究城市设计的思维一脉相承。其次，建筑要关乎于人。建筑是为人服务的，一定要考虑人的体验和感受。这是很实在的一个理念。人们判断一个空间好用与否还不光看物理结构层面。比如说，如果你的空调做得不好，让一个酒店厕所、厨房的味道串出来，那对空间品质的影响是巨大的。所以要对建筑作整体的把控，考虑到人在不同方面的感受。第三，建筑，特别是某些类别的建筑（如文化建筑、城市综合体）一定要给所在的区域带来活力，为社会产生积极的效益，同时刺激经济的发展。第四，我们比较重视策划。现在我们经常做的一些项目，甚至包括旅游度假和城市综合体项目，甲方其实并没有提供任务书。这就需要我们从专业的角度，就业态配比、运营、市场的接受能力等问题给出策划方案。这是我们作为专业的设计咨询机构能够提供的服务，也有利于引导项目走上正确的轨道。

我们就是在作这么一些探讨，争取做一个，成一个。项目从头到尾，我们建筑师都是有责任的。

《设计家》：能否谈谈三磊目前发展的现状？

张华：我们大概有 300 人左右，不算太大。有意思的是，上海和深圳都有很多超大的民营设计院，而北京的"超大院"就没有发展起来。北京建筑设计市场的特点是多样性很强，有各种各样的事务所。地标性的建筑项目基本上都被国外建筑师拿走了，国营院也没有机会。我觉得随着时间的推移这个局面可能会慢慢改变，一开始搞房地产时，甚至很多住宅都是请外国建筑师做的。这个局面的形成主要有两个原因，一是境外事务所确实在创新能力上领先——因为整个现代建筑的理论和实践，从一开始就是西方领先的。再一个，我们中国的设计机构相对来说挺关心生产，但不太关心建筑的创新和理论的引领。我一直在想，日本和中国都经历过经济高速发展的历史时期，日本比我们更早地经历这个阶段，为什么日本能够涌现出一批在国际上有影响力的建筑师，而我们在这方面比较薄弱？这里边可能有体制的问题，也有国民自信心的问题。如果甲方对自己中国人都没有信心，很多招标都对外国人敞开而针对国人设定许多门槛，那么我们会越来越没有自信心。这是整个文化背景的问题，不是某一家设计机构能改变的。

在这样的大环境下，我们只能去寻找有自己特色的发展道路。对于三磊，我们肯定不会以大取胜，但是会强调几条——一是创新，二是专业能力，三是整合能力。创新，是说对于中国建筑、对社会有所贡献。专业能力，是说为社会提供一个优秀的产品，提高它的运行效率，让企业少走弯路。整合，意思是把不同的资源和内容调动起来，让它产生"1+1>2"的效果。比如说我们在西充的项目，就体现了三磊的整合能力。就管理而言，我们往前延伸，可以做规划，往后延伸，可以参与项目的管理。在欧美模式里，建筑师的权力很大，因为他们没有施工监理，只有建筑师监理。这对于建筑的建成质量很有帮助。而在中国，建筑师把图纸做完，交付之后就结束了，对后期参与的也不多。我们现在能做的是参与建筑的项目管理。现在我们已经在一些项目里跟甲方签订了一揽子服务的协议，参与到项目的设计管理来，一直跟进到项目完工。我们不光是管理自己的团队，还包括幕墙、声学、灯光、景观等团队。比如说一个酒店项目，就会涉及 20 多个顾问单位。这就需要有一个建筑师来把它们统筹起来，这对建筑的完成度来说非常重要。有些甲方能接受这种方式，基本上国外的酒店管理集团就会提出这样的要求。还有一种情况是，甲方没有什么经验，所以我们以设计总包的方式进入项目里。

《设计家》：那您认为三磊未来的发展方向会是什么？

张华：谈到三磊的发展方向。我们会跟着市场来建立自己的知识体系或者说研究体系。比如说，我们最近做城市综合体项目较多，所以我们集了专业的团队和外面的合作方，包括甲方、运营单位、策划、物业管理等连续举办了五期沙龙，针对城市综合体的现象和它复杂的建筑空间，就不同层面进行研究。这是针对特定建筑类型所作的经验上的梳理。

BALANCE BETWEEN BUSINESS BENEFIT AND ACADEMIC INNOVATION
平衡商业利益和学术创新，走一条 "中间道路"

平 刚

DC 国际建筑设计事务所总裁、创始建筑师、美国建筑师协会国际会员、北京戈友公益基金发起理事、企业家志愿救援队队长，EMBA 户外运动联盟常务理事。毕业于南京东南大学建筑系，之后在上海、新加坡、澳大利亚工作与学习。1998 年在新加坡创立 DC 国际，2001 年开始在中国大陆展开从 "未建成" 到 "建成" 的建筑实践活动。

《设计家》：请简单谈谈您在成立 DC 国际之前的学习和设计实践。

平刚：我是 1996 年从东南大学毕业，在中国轻工业上海设计院（现在叫海城集团）工作两三年后去了新加坡，接着又去了澳洲，2001、2002 年间回到上海开始做公司。这是一个很典型的从学习建筑、当设计师，出国工作，到开公司转变为管理者的过程，路径非常清楚。

《设计家》：DC 成立之初，您对公司的发展方向有什么样的设想？

平刚：按照公司规模和追寻的目标来看，民营设计机构有多种类型。我也有朋友在做建筑工作室，并且不想扩大规模。而我从一开始就对这种小规模的、过于自我的个人工作室有所排斥。记得在回国没多久时，我和同学在衡山路一个酒吧里聊，他的想法是要先进行资本积累。按他的说法，一个好商人很容易转变成一个艺术家，反之则很难。我自己想走一条中间道路。虽然公司需要承担社会责任，要盈利，要扩张，要发展，但我寻求的目标并不是去做一个纯粹为了商业盈利而存在的设计公司，也不希望它像一些非常小众的个人工作室那样，而是希望既保留自己的理想，同时也在经济收入上得到相应的回报，有更好的生活。他提醒说，中间道路恐怕是最坏的，因为两头都不靠。这些年走下来，我们的确是这么做的，也确实遇到了蛮多困难——过去的十多年，中国房地产大规模发展，很多设计公司都是跟着这个市场走向发展起来。我们因为坚持自己的发展方向，必然会失去一些机会。比如说，在跟开发商合作的时候，他们可能会倾向于支付更少的设计费、用更短的时间完成项目，而我们希望在设计上花更多的时间把它做好，同时收一份更合理的设计费。要在利益和品质之间取得平衡，首先在于工作或者说设计的态度。我们中国现在有非常多的高楼和投资额巨大的项目，但我们的问题不在于 "高度" 而在于 "态度"。经过这么多年的快速发展，我们这一代（40 岁左右）的建筑师已经有了一定的积淀，到了思考和进行文化输出的时候了。

《设计家》：DC 国际现在有三个事业部，它们分别针对什么样的设计领域？目前发展的情况如何？

平刚：丰富性是 DC 具有成长性的一个重要基础，但我们也会在这个基础上作一些专业化的调整。现在我们的三个事业部是住宅和养老地产，商业地产，以及 C+D 设计研究中心。目前我们有三个养老地产项目在实施，商业地产项目也在进行。重要的是，我们所做的商业地产和传统意义上的不一样。比如在商业地产项目里我们强调 "文化商业"。我们做了一系列这样的项目，从参加成都双年展的 "艺术粮仓"，到证大西镇，宁波的梁祝天地，南京夫子庙的改造和修复等。证大西镇项目需要我们对传统的江南水乡进行诠释，但建筑的风貌不一定要那么传统和复古，可以更多地表现江南本地的地域性。当我们说传统，它是一个时间性的概念，而本土是地域性的概念。通过建筑设计手法，我们让空间本身具有传统的韵味，但又不是机械地在模拟传统建筑的样式。这一点很重要。这些空间本身符合商业规律，满足它基本的诉求，能够让人愿意停留，同时它又创造了丰富的情境。这样的新的建筑文化，就是消费文化和文化消费的互动。

C+D 设计研究中心的工作就比较繁杂，包括做一些文化类项目、精品酒店、改造项目，甚至是一些设计研究。它承载了许多内容，激发出的活力非常强。这个部分其实是最不挣钱的，但活力非常强。需要强调的是，C+D 做的并不是纯粹的学术研究工作，而是基于项目的、可实践的工作，它对于设计型酒店、改造项目和一些文化项目的研究是可以转化到我们的商业项目里的。三个部门之间的互动和联系特别多，因为现在的开发项目里，只纯粹地做某种业态的越来越少，复合型项目越来越多。政府和开发商对于一块土地未来营造的诉求都在变得更多元化。

《设计家》：DC 目前的规模有多大？您在这方面有什么样的考虑？

平刚：现在有一百四五十人。关于规模，记得我很多年前曾经说过要把人员数量控制在五十个，后来说要保持在八九十个，不能超过一百个，再后来说不能超过一百五十个……现在的定位是两百到两百五十人，这次是下决心，绝对不能再超过了。公司规模贵在"合适"，一味求大不一定是对的，一味地小也不一定错，它随着你的管理能力、技术水平、自信心等而改变，与公司选择的项目类型和发展方向有关，与你所诉求的价值观对等。

前段时间我出席了一个论坛，谈对未来十年的构想。当时出席的建筑师和业主有 20世纪 60 年代，也有 70 年代出生的。我发现，"70 后"明显更乐观一些。DC 为什么能增长到两百到两百五十人？过去十年，DC 选择的是在商业价值和学术创新之间取得平衡，所以我们的项目类型特别丰富，做过许多大尺度项目，也做过不少特别小的项目，做过一些改造项目，甚至做过几年拆迁房项目……这种丰富度是 DC 未来仍有提升空间的重要支撑力量，对我来说也很重要。尽管我们正在慢慢地让 DC 的项目累积更集中，专业更集中，但是我们之前的丰富性已经提供了很好的土壤和条件，让我们能够不断选择自己本身所强调的，甚至去挖掘出我们能够成为一流公司的潜质。2012 年，一家建筑杂志给我们提名一个年度设计机构奖时用了一个词叫"双轨并行"，我觉得这是对 DC 莫大的认可。我相信，很多设计师都愿意在商业价值和学术创新之间找到平衡点，既能做一些不错的项目，也能挣钱——这实际上就是我一直寻找的中间道路。

一开始，我对于规模的扩张有一定的排斥，因为有时候规模和质量是矛盾的，当时我对于规模扩大造成的"质量稀释"还没有做好准备。如果我们能解决质量稀释的问题，适当的扩张是有好处的。大规模的项目累积和选择有助于我们选择更好的作品。我曾举例说，如果让我们像参加奥运会射箭比赛似的，一下子就要射中红心，压力会很大，但如果给你100支箭让你射中三个，还是可以的。近两年开始，我们的成长速度比以前快了一些，而这经过了长时间的准备。

《设计家》：为了解决质量稀释问题，DC 有什么样的策略？合伙人制是不是一个比较好的途径？

平刚：我觉得合伙人制不是解决质量稀释问题的关键，良好的设计师架构、人才比例、质量控制体系才是关键。目前我们整个梯队的建设还不错。从顶层设计来看，我们的合伙人基本上处在 40 岁上下，既是设计师也是股东。合伙人里只有我一个人游离于设计之外，其他合伙人都专注于技术和设计，而且每个人都有不同的分工。随着近年 DC 的作品越来越多，知名度有所提升，我们对于人才的吸引力也越来越强。放在五六年前，我们想招东南大学、同济大学的本科生都挺困难的，但现在老八校的研究生想进来也要通过考试和筛选。

公司对于员工的吸引力是综合性的。员工的诉求是多元化的，他们想要的不仅仅是薪水、发展、理想等，反过来，企业就应该成为多元化的提供者。在这方面我们的确作了很多改变。明年 6 月我们会搬到一个 3000 平米的新办公室，办公室在西藏北路苏州河边一个创意区里。我们作了调查问卷，问员工希望办公室里有些什么。他们说，是不是能提供健身房？然后也提供浴室？随着生于 1987、1988 年乃至 "90" 后的员工的增加，我发现他们的想法特别多，诉求也非常多元化。这让我很高兴。对于我们 40 岁左右的合伙人来说，再过十年，到了我们 50 岁时，如果公司里还没有出现一些更好的成长性的人才，那公司的活力就没有了。建设人才梯队，实际上也是为公司的未来打基础。

《设计家》：您现在通过什么办法对员工进行激励？

平刚：薪酬体系改革是随着规模扩张、人员结构的变化而不断调整的。甚至我们做了一个针对 200 人规模的人员体系设计——当公司发展到 200 个人时，大概有 150 个专业建筑师，50 个非建筑师岗位。我们之前实施定薪制，从今年下半年开始实施提成制，调整了薪酬的固浮比，以更好地激发员工的工作效率。

《设计家》：从公司的角度，您如何评价 DC 国际？

平刚：我们不是一家特别挣钱的公司，但我觉得，对于员工我们是负责任的，因为我们并没有把个人的诉求转化为公司的诉求、转化到员工身上。我们会计算人均产值，但不会把它当作评判一个员工的标准。即使一些项目不挣钱，也不会把它转嫁到员工身上——也可能是我们公司整体的发展状况、模式和项目类型比较特殊，很难用这个来衡量。目前，随着公司运营的发展和更多项目的实现，我们开始找到自己的方向，向国内一流，甚至是世界一流公司的方向发展。

《设计家》：您对未来中国建筑的大环境保持乐观的态度吗？

平刚：目前是保持相对的乐观态度。我觉得，任何时代都会有好的公司出现，只要你是有态度的，有好的作品。过去十年我们是秉持着这个态度来前进的，现在还是按照这个方向走。

FINE QUALITY CONTROL IN LARGE SCALE COMMERCIAL OPERATION

在商业化、规模化运营中追求精细化质量控制

水石国际执行总裁，首席合伙人。东南大学建筑学学士，同济大学建筑设计及理论硕士。所做重点项目有绿地哈尔滨海域岛屿墅、绿地上海公元1860、重庆中海寰宇天下、常州龙湖原山、绿地上海蔷薇九里、昆明万科魅力之城等。

《设计家》：水石国际这几年发展很快，业界的同行对你们也很关注，请谈谈你们的成长过程。

严志：整个水石国际的历史发展到今年已经15年了。我们创建于1999年，最早是水石景观，2005年成立水石建筑，形成了景观和建筑这两个比较重要的领域。2009年是一个非常重要的发展阶段，建筑公司进行了一次重大的合并和重组，形成了今天的水石建筑。以2009年的重组为标志，往后发展到今天，水石国际的发展非常迅速，目前已经有500人的规模，包含水石城市规划设计、水石建筑规划设计、水石景观环境设计、水石工程设计等多家有限责任公司。涵盖了规划、建筑、景观等领域，并且还有目前包含在建筑公司里面的一个室内部，从最初的单纯做方案延伸到了施工图全过程领域。我们的发展理念是基于专业化的综合化发展，这几家公司都是独立的法人，各自会在专业上往深处发展，同时大家又是共同在水石国际这个平台上综合地发展。我们希望未来在可以控制的领域，尤其是我们锁定的细分市场，能够提供整合规划、建筑、景观、室内一站式的服务。

《设计家》：你们这样规划的目的是什么？

严志：目的主要还是跟我们判断的大的发展形势相结合。首先我们不是什么类型的建筑设计都做，我们的目标项目是以开发商为主体的各种类型的地产开发，主要涵盖住宅、产业园、城市更新和商业地产四大类。因为针对的客户很明确，所以我们的发展方向跟我们的目标客户开发商的发展方向是密切相关的。我们观察到房地产市场正在经历很大的变化，现在已经进入到一个转型时期，兼并收购越来越多，传统的那些房地产巨头会越来越大，一些小的地方型开发商会越来越难做。随着这种趋势的发展，这些大开发商对设计公司的规模、开发速度等方面的要求也越来越综合化，他们希望有设计公司能把规划、建筑、景观、室内一体化整合。我们正是因为看到了这一点，所以想在这些领域作一些尝试。

《设计家》：水石国际在不同领域的共同的设计哲学是什么？

严志：我们总建筑师对大家的设计有两大块要求。在方案设计定稿前期关注的是项目价值的挖掘，怎样在合规合理的前提下帮助我们的客户实现更大的价值。这是一家设计公司很核心的竞争力，你能够帮客户提升价值就意味着你有一个未来，这个是我们设计哲学中非常重要的一点。另外就是在定案后，我们特别强调两点：一个是合规，一个是精控。现在能画出一张好看的效果图的设计公司有很多，但是最终能把一个好看的效果图精准地还原建成的公司非常少。我们公司特别重视建成后的效果，在公司内部有

优秀奖和卓越奖，这两个奖项都是以建成的照片为主要评选的标准，而不是以效果图。

《设计家》：现在很多本土设计公司都对设计管理有较大的困惑，希望能够得到一些经验，你们对公司以及项目的管理是怎样考虑的？

严志：设计公司主要分国营大院、外资事务所和民营事务所三大类。这三类公司从它们的背景到性质到管理模式都是千差万别的。单纯地从民营事务所来说，因为创始人的技术能力、性格特征以及创始人的合作模式不同，管理方式也会很不同。虽然水石国际的几个创始合伙人都是设计师出身，但是想法都很明确，就是坚持公司化发展，以办公司的思维模式来架构设计公司的操作。所以我们的管理构架、组织构架都是围绕公司化发展的目标去设计的。水石国际有各自基于专业化发展的建筑、景观、工程、规划公司，他们又共同享有一个公共平台——综合管理中心以及财务部、市场部等行政后勤部门共同去服务这几家公司，然后由水石国际的理事会来协调他们之间的管理，这是水石国际总的架构。我们再以建筑公司为例来看具体的公司，建筑公司主要的领导部门是总经理室和总师室，下面分各个所，所下面再分组。相对于这种比较扁平的行政管理而言，我们公司更有特点的是技术管理。

怎样才能把一个项目做好？我认为我们是两条路并行走的，就是一个是靠制度管人，另一个是靠招聘好的人来做事。一定阶段内我们偏重于前者，水石国际建立了大量的体系性的制度，就是我们的精细化设计管理。我们作了一个思考：当下无论是房地产里面的甲方建筑师，还是设计公司前沿的主创设计师，普遍都很年轻，资历往往都只有三四年。在这样的大背景下，客户虽然关注你的高度能有多高，但是他们更关心的是你的及格线在哪里。像水石国际这样500人规模设计公司，如何去规避一些大的风险，不出现一些大的失误，是通过精细化体系的管控来实现的。在这个体系里面，我们把一个项目分成4个阶段，8个系列。我们认为一个设计师的设计流程是可以被标准化的，所以我们规定了设计过程中的40个标准动作，这些动作标准化了以后，公司的合伙人就可以在这些阶段中根据项目的不同情况针对性地进行评审。评审的结果将直接影响这个项目参与人员的奖金。另一方面是模板，每个设计阶段我们都会提供公司的模板，这个模板不是让你完全照着它去做，而是给你一个公司出图的品质标准，这并不是公司的最高水平，而是公司出品的一个基本线。总师室下面有一个总师办，至少有五六个专职人员在大量地不停地更新模板和进行知识库体系的建设。当然，水石国际也很重视人才，公司有一个完整的培训体系叫作水石课堂，每周四和周五两天，会对低年级的员工进行培训，这个培训关系到员工的晋升。我们认为刚毕业的五年制本科生职业化的程度是零，公司需要对他们进行系统的培训，通常员工进公司后都是从一年级开始，培训到四年级进入毕业班，然后就可以局部地开始负责项目。我们就是通过这种多管齐下的方式来对公司进行管控的。

《设计家》：水石国际发展到今天这样的规模，你们在市场上的竞争对手有哪些？

严志：我们主要的竞争对手还是民营事务所。在和开发商合作的这个领域，国营大院和境外事务所的能力都不够强。国营大院的服务和市场意识比较差，在这个领域我们很少碰到过国营大院。至于境外事务所，开发商普遍觉得他们没有深刻理解中国文化，虽然设计水准很高，但是他们不了解中国人的生活方式。

《设计家》：一定规模的民营事务所，核心的竞争点是什么？

严志：对于成规模的大公司，大家主要竞争的是综合性——你能否给客户提供一揽子专业的解决方案。但是，规模化的公司最难控制的是公司出品的平均线，现在其实任何一家大公司都能拿出优秀的好作品，但是影响客户评价的，往往是你们公司最差的那批项目。所以各家公司既是在拼最顶尖的项目，更是在比公司的及格线。还有一些规模10到30人不等的小公司，这类公司因为是创始人站在第一线，所以它们单个项目的品质很高。但是这样的公司因为受规模的限制，它们调整的余地不多，项目一旦吃紧或是规模上来以后，会很难消化，而且接触的客户面比较窄，相对来说它们的视野和综合化程度会相对弱一些。我们水石国际目前是在从一家中型公司往大型公司的方向发展，所以一方面我们要综合化，要控制我们出品的基准线；另外一方面，面临市场上小公司的竞争，我们的设计小组要有自己的核心竞争力。

《设计家》：水石国际对未来有什么样的计划？

严志：我们核心的几个合伙人一般会定期地讨论公司的计划，但我们不会想得太远，基本上只是规划近三年的发展。对于近三年，首先我们还是坚定不移地走规模化管理，这是我们的一个方针。再就是在规模化发展的过程中，我们会特别注重发展的质量，不是为规模而规模，而是自下而上的一个原动力，就是各个所、各个组他们有增长的需求，具备增长的能力，同时在从人力到技术等各方面能有支撑的前提下，我们会进行分步的扩张。我们也勾勒过一个发展目标，就是想用3~5年的时间在上海做到我们所在领域的前三名。当然，最终那个名次不是我们要的终极目标，那只是我们脚踏实地走好我们自己的一个结果。

IT IS THE MASSES THAT INSPIRE OUR WORK
从"问题"出发，为大众设计

何哲

出生于浙江金华。国家一级注册建筑师，建筑学学士，城市规划与设计硕士。毕业于西安建筑科技大学，1999 年获台湾曹挺光奖学金，2002 年获国际住房与规划联合会优秀论文奖。2003 至 2010 年任职于北京非常建筑设计研究所，担任主任建筑师。2010 年与沈海恩、臧峰共同创建众建筑与众产品。

《设计家》：您是怎样对建筑产生兴趣的？在成长为职业建筑师的道路上有哪些对您影响较大的人和事？

臧峰：我的家庭和建筑有点关系，所以在高中选专业时就比较倾向于这个方向，后来通过实习，这个想法就更坚定了——因为建筑是一个工具，建筑设计也是非常有物质性的一项工作，能够产生一些物质性的结果，通过它能够参与到社会的设计中去。

何哲：我进入建筑行业还是比较偶然的。上大学之前我对建筑这个专业没有太多了解。后来对我影响比较大的是在本科的时候看到了张永和的《非常建筑》，在当时，它和我们在学校里学的、在设计院实习时接触的东西差别非常大。后来我们自己出来做，是因为想能够实现一些自己的想法，关注更多的社会性问题。

沈海恩：我是个 ABC（在美国出生、长大的华裔），是在洛杉矶的郊区长大的。本科时我学的是产品设计，研究生读了建筑，但是主要偏向于理论和历史这方面。到中国工作以后，我的经历跟之前完全不一样——比如我所成长的环境，周边生活的人很少，而中国的城市化发展那么快。我本来就喜欢设计，喜欢画画，在这里觉得建筑可以跟社会更直接地关联，工作很有意思。

《设计家》：几位都曾经在"非常建筑"工作过，又一起成立了"众建筑"。"非常"容易让人联想到"非常规"，而"众"字则蕴含了不同方向的内涵。您对于这个"转折"是怎样考虑的？它包含了您对于建筑怎样的看法？

何哲：我们几个确实都有在非常建筑工作的经历，这段经历对我们的影响还是非常大的，比如说它的工作方法、比较理性的分析和判断等。我们几个对于"社会性"比较感兴趣，有意地让自己设计的建筑不要过于小众，所以我们是有意识地去精英化，有意识地和"文化"保持一定的距离，希望去跟大众、社会和现实发生更多的关系。慢慢地，就形成了工作室的方向。

沈海恩：我们努力去找到现在的社会现实与设计之间的关系，我们不会考虑太多的因素。同时我们也不是"商业建筑师"。我们对于成功建筑的看法是，不一定要让大众觉得它好看，但大众能够在其中很好地生活，很好地利用空间。如果我们的建筑盖出来比较热闹，人们都愿意到这里来，那就达到了我们的要求。

《设计家》：那你们通过哪些方式来实践这个共同的主张？

沈海恩：我们接项目的时候，会有意识地接一些比较大众化、可以影响更多人的项目，比如住宅。我们不会挑选，说只做商业的、文化的、办公的……也不会对项目这样进行分类。另外，在设计过程中，我们会更多地去挖掘当下社会的一些问题。我们的态度比较现实，

沈海恩

但在方法上可能比较理想主义。我们不会靠感觉来判断一个事情，也不会由老板来决定要用什么样的风格来做设计。我们强调从问题来发展一个设计。问题有很多种，不仅仅局限于使用的问题——跟城市的关系是问题，功能本身是问题，甚至最后的效果也是一个问题。把一件事情转变为一系列的"问题"，那么大家都可以参与进来一起讨论。"众建筑"有三个合伙人，这样的方式比较公平。我们也希望有更多人来帮助我们批判那些想法，希望最后做出来的设计都是"做得通"的，不会出现一些逻辑上的问题。

臧峰：对于一些大型住宅项目和其他项目，我们感兴趣的是它能够带来更多的实际性的具体问题，这样的项目让我们的思考始终还是在现实的范畴之内。而一些非常有代表性的大型公共项目多少有点脱离现实。我们对住宅项目、对"众产品"里的家具，都会理解为同一类问题带来的设计，我们考虑怎样让它们使用起来更舒服，怎样跟当下的社会更适应。

出生于美国洛杉矶。2000 年就读于英国伦敦大学学院巴特莱特建筑学院，2001 年毕业于加州州立大学获理学学士学位，2007 年毕业于麻省理工学院获建筑学硕士学位。2001 至 2003 年供职于 Donald Chadwick and Associates 担任家具设计师；2007 至 2010 年供职于北京非常建筑设计研究所，任项目负责人。2004 年获美国建筑师协会奖学金和麻省理工学院入学奖学金；2007 年获麻省理工学院研究生奖学金。2010 年与何哲、臧峰共同创建众建筑与众产品。

《设计家》： 能否谈谈您的设计主张与相应的方法？

何哲：我们没有很固定的设计方法，有的话就是前面提到的从现实的问题出发来发展设计。我们之前有的设计采用了"模块化"的发展方法，好处是能弱化建筑的视觉形象，把建筑形态还原成对一些基本关系的体现。同时可以把建筑的尺度缩小，和城市能有一个更好的关系。

沈海恩：我们做设计有一些特殊的方法。比如说我们会注意设计的"重复性"。刚才谈到的"模块"，目的是让每一个单体不那么特别，但是有助于实现一个设计的整体性。我们所有的项目都是如此，单看每栋楼都不会觉得它很特别，但是整体性比较强。单体经过重复，全部加在一起，就变成了类似"背景"的东西，而把那里展开的生活变成了前景。以北京的胡同为例，你看，胡同全由灰砖建成，在形式上也不是很特别，为什么很多游客都来看胡同？因为其中的生活，人们在胡同里做的事情还是很丰富的，胡同与胡同结合形成的整体性也很强。我们的公司就在老城区的胡同里头，这是因为我们也想跟身边的城市日常生活有比较紧密的关联。

《设计家》： 您怎样看待像众建筑这样的年轻事务所的设计与经营策略？

臧峰：在我看来，很多事务所是把设计和生存视为一个矛盾体，处于两极的状态，比如有人会选择做一些让事务所生存下去的项目，然后再做一些更"设计"的项目。也有人完全在做生产型的项目，或者完全从设计的状态去考虑。我们觉得两者并不矛盾。从产品的角度入手可能更方便理解——市场对任何一个产品的要求都很高，市场做不好，就没办法成为一个好的设计。在建筑上，可能会存在一些非常理想化的、不太考虑市场

臧峰

出生于甘肃兰州，毕业于北京大学，获建筑学硕士学位。2005 年参加由罗马大学、亚琛大学组织的意大利建筑保育营，2006 年获日本池下建筑奖学金。自主研究项目《政府》参加 2005 年第一届深圳双年展与 2008 年英国伦敦 V&A "创意中国" 展览。2005 年任职于北京市建筑设计研究院，2006 年起任职于北京非常建筑研究所，参与或主持多个建筑及展览项目。2010 年与何哲、沈海恩共同创建众建筑与众产品。

的作品，因为它是一次性的，有这样的条件。产品则不然。延续这个角度，我们对建筑的要求也类似。无论是像三千渡这样的地产项目，还是像廿一客这样比较强调室内空间的项目，我们都希望能够满足业主的要求。当然，他们如果有一些在我们看来非常不合理的要求，或者说出现了对整个项目有破坏性的事情，我们一定要说服他们。所以，市场和设计并不是对着干的，这些事情是要和业主一起来做的，与市场、社会是息息相关的。这是我们的方法。我们这个思考的角度跟做产品是有比较大关系的。

何哲：我们不会走向设计院的经营模式或是很商业化的操作模式。这是肯定的。我们相对比较独立，关注项目中的一些现实的基本问题，希望能创造性地解决它们。从这个角度来说，我们的设计和给甲方提供优质服务之间是不冲突的。

沈海恩：甲方关心赚钱是很现实的，不一定跟我们想做的事情有冲突和矛盾。针对同一个项目，不管是购物中心、办公楼还是其他项目，它肯定会对社会有所影响。甲方能挣到钱，实现他的目的就可以了。我们则要能够影响项目的方向——我们希望甲方的要求是比较开放的，不去固定解决的方法。比如说，如果他们觉得我盖一个像巴黎某房子一样的项目，肯定能挣很多钱，那样我们就会觉得没有创新的机会，自己在这个设计项目里也不能提供什么帮助。如果项目比较开放，我们就会去看有什么样的方法来创新，寻求一些进步。

《设计家》：对于团队目前的规模和未来的发展，您有什么样的想法和计划？

臧峰：我们现在有 10 多个人。这取决于我们希望对这个社会产生多大的影响。我们其实希望团队能更大一些，这样我们能够更好地处理一些规模更大的事情。这里所说的 "大规模" 不是指尺度大，而是发挥更大的作用、影响力。比如说产品能够进入老百姓的家庭和办公室。

DO A "SPECIAL FORCES"
打造设计的"特种部队"

阮昊

零壹城市建筑事务所主持建筑师，美国普林斯顿大学建筑学硕士，清华大学建筑学硕士、学士、哈佛大学设计学院访问学者。于 2010 年创立零壹城市建筑事务所，同时任教于哈佛大学设计学院（Teaching Associate）和中国美术学院。在此之前，曾工作于 Preston Scott Cohen 建筑事务所并任其中国区项目总负责人，美国 SHOP 建筑事务所并现任其中国区项目顾问。

《设计家》：贵工作室在目前的设计实践中重点关注了哪些问题？产生了怎样的思考？对贵工作室的设计工作有何影响？

阮昊：我们旨在探寻一种设计模式，这种模式不再是各个设计细分行业的单兵作战，而是将研究与设计、虚拟与现实、当下与未来、权威与民众相结合的一种模式。之所以这样说，是因为以 80 后建筑师为代表的新生代们所处的大环境与我们的前辈有很大的不同，我们所面对的很快将不再是一个城市化进程下的大规模建设市场，而是一个不断进行新陈代谢的城市更新环境；不再是一片片空地，而是一个充斥着各种信息的聚合体。二十年快速建造留下的后遗症将逐步显现，如何过滤、排除冗余的信息，发现并建立不同事物之间的微妙联系，更多地从设计的模式去协同、创新是新一代建筑师面临的迫切问题。

作为设计师而言，创新往往不在于发明什么，而在于发现并建立不同事物之间的微妙联系。能够以批判的眼光看待既有的事物之间的关系，并以革新的方式去突破甚至颠覆它，是让我最兴奋的事情，因为它带来的不仅仅是有趣的想法、美妙的设计，更带给人意犹未尽的思考。

设计的灵感和创意不是一蹴而就的，而是需要由一个特殊的创新体系激发的。一个好的设计师或许能够得到几个灵感，而一个好的创新体系能够源源不断地产生创意。对于设计类的行业，尤其是以创新为主导的设计事务所来说，创造一个设计模式比人的因素更为重要。它能够不断激发设计师的灵感，对于同样的人，在不同的体制与模式引导下产生的作品质量截然不同。

我一直认为创新是需要去引导和管理的，好的想法一定是自下而上的。在普通的设计体系中，承担方案设计的经常只有团队中较有经验的几个人，而特种部队体系中的每个人都具有独当一面的能力，所以当我们坐下来进行讨论时，每个人都可以成为创意源，而这种多人互动对于创新的提升是指数级的。

《设计家》：近年来，贵工作室是否在工作中遇到过困难？又是如何解决那些问题的？

阮昊：回国创业之初，我们面临的对手有很多，有非常大型的几百人规模的设计院，也有极力想要开拓东亚市场的欧美事务所，所以对于零壹城市最重要的就是怎样凸显我们的核心价值，明确市场定位。

在中国设计行业中仍旧不乏照搬照抄与大规模生产的现象，缺少真正的 made in China 的创新与想法，而在零壹城市的血液中，独特的创新和创意是核心竞争力——在这个风格泛滥的年代，创新不在于语不惊人死不休的标新立异，也不在于千篇一律的某种风格，而在于对于每一个设计独特的创意与理念，去巧妙地解决城市中建筑的实际问题。

因为对于设计师而言，具有标示性的风格往往同样是扼杀创新的杀手，它永远告诉业主"我擅长做什么"，而不从业主的角度出发，针对每一个案例耐心探索，不断磨炼，以创新的手法找到解决问题的答案。idea 是最值钱的东西，有 idea 才能形成艺术品，不然就只是产品。我们在做可以让生活更美好的艺术品，于是我们会去拒绝很多业主想法与我们的设计理念不相符的项目，也就自然而然地形成了我们的定位与口碑，零壹城市做的就是具有创新理念、艺术性与先锋性的设计，力争成为最具有影响力的"中国城市更新的革新设计者"。

《设计家》：请谈谈贵工作室近期的重要项目。

阮昊：此次刊登的上海宝业中心，项目的设计更多的是在限制中寻找突破。这种突破主要包括三点：对场地限制的突破；对办公楼"面积效率至上"法则的突破；对办公楼单一化立面设计的突破。

首先，场地对设计有着诸多要求：场地对建筑有 60% 沿街贴线率的要求，也就是 60% 的建筑边界线要贴着红线；场地要求建筑一层必须往内退，形成半室外空间等。这些要求把建筑沿着场地的形态作了规定。因此，项目 L 形的构造是应对场地要求最基本的一个出发点，它在满足场地要求下——功能如何进行最基本的填充，同时也满足了业主对形体的要求——形态尽量显得大而连续。之后的设计过程与其说是挤压，其实更是"挤压"与"打开"的双向过程，挤压一方面增长了功能使用面积，形成几个各自独立又相互顶角的庭院，更重要的是形成了三个向外敞开的"开口"。几个被挤压的边碰撞在一起，发生了质的改变，内部流线与室外空间在中心庭院发生重叠。而对于内部功能优化使用的结果反馈到形态上也产生了不均质的结果，这也是在场地众多限制条件下功能与形态之间谈判的平衡。

由这些操作带来的体量围合与空间序列，功能性使用和游走性体验的平衡，是对当代办公楼"面积效率至上"法则的突破。自从 Bloomberg 纽约总部办公楼首次应用开敞办公，极大地提高单间办公模式的效率后，办公楼的高面积效率以及高"出房率"一直是办公楼设计的重要法则。本案以"空间品质效率"来对办公楼的面积效率提出质疑，在适当牺牲面积效率的同时，使得室外景观绿化与室内和谐共存，为室内引入更多的采光、景观与通风，给予使用者更多层次的建筑体验与空间感，创造一个充满启发性的办公环境。这种具有高"空间品质效率"的办公楼，将比仅有高"面积效率"的办公楼更有办公效率。

此外，本案的立面设计也是对当代办公楼单一化立面设计的一个突破。当代办公楼往往在"面积效率"的法则统领下，以标准层平面和立面在垂直方向堆叠形成。而本案除了在上面提到的游走性平面外，立面设计以模块化的遮阳屏板组成。约 20 种标准化模块形成的屏板的水平向的渐变赋予了立面流动性。这些不同斜度的屏板也改变了窗户的高度，控制了室内空间的采光。

《设计家》：请谈谈接下来贵工作室对工作的计划与期许。

阮昊：中国 60 后和 70 后的优秀明星建筑师有一部分开始选择远离城市化的矛盾，将自己的设计作品转移到城市之外风景优美的地方；也有部分标签化的明星建筑师针对极少数并且特殊的标志性建筑进行设计。与之不同的是，零壹城市给自己的定位与目标恰恰是"中国城市更新最有力的革新设计者"——扎根在中国这样一个全世界绝无仅有的城市化进程的背景中，真正去面对这些城市矛盾与问题，既不避世也没有标签化，并不断以创新的手法化解问题，在限制中带来精彩的设计。

所以我们把自己的设计作品称作是"偶发性建筑"，也就是与不同的场地限制与业主要求的"意外邂逅"，以约束与限制下有限的力量去形成最大化的建筑效果，而这一偶发性建筑所形成的又恰恰是带有必然性的、可以推广的设计模式。

OUR DESIGN FOCUSES IN RECENT YEARS
近年来我们的设计重点

李玉倩

毕业于郑州工业大学，获建筑学学士学位，国家一级注册建筑师，具有15年工作经验，2004年至今服务于hpa何设计公司（香港何显毅建筑工程师楼有限公司），现任副设计总监。项目涉及城市设计、区域规划、住宅、公共建筑、商业、办公、交通设施等多种类型，近年来多致力于地铁上盖及商业项目。

近年地产市场有较多的商业开发项目，我们的设计重点也相应有所侧重。一个成功的商业项目与策划定位、运营模式、物业管理、时代特征、建筑空间引导等多方面都息息相关。尤其在目前电商的冲击下，传统商业面临着前所未有的生存压力，体验式商业正在成为主流，商业设计更加强调其独特的主题、氛围营造、空间感受、商业行为互动等。在商业设计中加强商业空间的人气和商机是重点。好的商业应充分利用外部资源，如将地铁、公交、巴士等人流集散中心与商业直接连通接驳，引入人气；内部设计应综合多种业态，合理混搭，设定唯一醒目的主动线，避免过多分支及回头路。适当的中庭挑空能利用视觉联系上下层商业，同时中庭内设自动扶梯、垂直电梯将人流快速引到上下层空间，提升上下层铺面价值。入口处设飞天梯可以将人流直接导向三、四层商业，使之具有与二层同等的商机。充分挖掘提升项目的价值是我们对每一个项目的追求。

随着各城市轨交建设大力发展，近年我们参加了较多地铁上盖综合商业项目。地铁作为公共服务设施，设计的重点在于交通换乘路线设计与人行体验。地铁与各类交通之间的转换带来大量经过型人流，如何吸引更多的人经过商业而又不影响换乘路线的便捷直观，是上盖商业的设计重点。商业中庭或广场宜结合地铁出站口设置，根据站厅位置不同，可设于负一层、首层或二层，出站即可看到所有换乘交通位置和大部分商铺。例如轻轨站点中站厅一般位于二层，设计应结合站厅在二层设置商业广场，再通过第二地坪串联各个交通节点及上盖商业、办公、住宅等功能。通过第二地坪的引导，使得交通路线最为简单、便捷、人性化，从立体空间上自然形成人车分流，同时还能带动沿途商业，达到交通枢纽与开发的双赢。同时由于第二地坪的设计，使得二层商业具有与一层同等的商业价值。

一个好的建筑，不管是商业、住宅还是公共建筑，建筑师在设计中都要换位思考，从使用者、政府、开发商、运营商不同的角度研究。使用者希望舒适便捷、人性化；开发商关注低成本高利润；政府看重城市空间及项目对周边地块的带动，从而提高税收；运营商需要降低运作费用。建筑师只有充分理解不同客群对建筑的期待与需求，在取得各方面的平衡的前提下，再加入自己对建筑的思考与理解，这样的建筑才能称得上是佳作。

ARCHITECTURE IS A POSITIVE AND INTERACTIVE PLACE IN THE NATURAL SYSTEM WHICH ADDED BY THE PEOPLE

建筑是人在自然体系中添加的一个积极、互动的场所

施国平

2002 年毕业于洛杉矶加利福尼亚大学 UCLA 并获得建筑学硕士学位。

在创立 PURE 建筑师事务所前，曾工作于中国的马达思班事务所、洛杉矶的 Gensler、Jerde 等事务所。参与并赢得了多个国际设计奖项，包括北京中国农业生态谷总体规划与建筑国际设计竞赛一等奖、上海文化公园设计竞赛优胜奖、深圳大运文化园设计竞赛一等奖以及法国 VMZINC 国际建筑奖等。

曾分别在美国南加州大学建筑学院、同济大学、深圳大学与西南交通大学等地讲座交流，并被聘为同济大学建筑与城市规划学院毕业设计答辩评委。

《设计家》：请谈谈贵所秉持的设计理念、建筑主张。

施国平、黄晓江：PURE 把城市、空间、功能、结构、材料和构造，简单而精致、复杂而统一地建构于一体，寻找事物的本原，追求纯粹的完美，创造开放的设计。

《设计家》：贵所在目前的设计实践中重点关注了哪些问题？产生了怎样的思考？对贵所的设计工作有何影响？

施国平、黄晓江：PURE 在实践中最关注的是如何让建筑最恰当地与它的功能、场地、文化背景产生关联，并且把这种关联通过一个系统的转化给使用者提供一种朴素、简单与诗意的场所体验。在这个过程中，PURE 坚持了几个原则，第一，建筑是多样化的，每个建筑都有它自身的个性与需求；第二，设计是系统化的，需要找到一个简单的关系把建筑的各个复杂要素关联起来；第三，体验是最根本的，它是感受建筑力量最直接的方式，建筑的本质在于为人类提供精神庇护场所，这种朴素、动态和诗意的体验能给人最强大的力量。

设计反映出一种生活态度与工作方式。PURE 团队的设计过程是包容和开放的，每个干系成员都能参与进来，参与的方式是通过一种本质的、心灵感受式的交流来实现的；但过程也是复杂和艰难的，在反复的相互对话中，不停地否定自己，浮于表象的东西被一层层抛弃，直到找到事物的根本。

《设计家》：近年来，贵所是否在工作中遇到过困难？又是如何解决那些问题的？

施国平、黄晓江：遇到困难是必然的，经营的、团队的、技术的都有，但最根本的还是来源于自己的信念是否清晰和坚定。一旦这个能保证，问题都能解决。

合伙人工作室的一个好处是大家兴趣相投，相互鼓励与启发；另外，每个人都会遇到一些智者与贵人，与之对话就是最好的学习方式。

建筑师的成长是一个漫长的经历，要对自己有耐心与信心；建筑设计是一个团队的努力，要充分认知和接受大家的不同；建造是一个复杂的过程，要有充分的投入和扎实的经验；客户就是你的朋友，是你累世缘分所积，要好好珍惜。

黄晓江

《设计家》：请谈谈贵所近期的重要项目。

施国平、黄晓江：丹巴甲居藏寨观景台项目与甘溪文化站项目是我们最近一年两个最重要的项目，它们都在四川，缘分都来自同一个业主。它们不在城市的环境中，前者是在一个村落的高点，后者是在一片茶林天地里。朴素、原始的场景促使建筑师回到根本去探讨人、建筑与自然的相互关系。建筑是人在自然体系中添加的一个积极、互动的场所，通过人在空间的活动，纳入自然的阳光、风、雨、景等要素，让人感知时间的流逝与生命的变化。两个项目我们都尝试结合当地的材料与建造工艺来创造一种流动、纯净与诗意的场所体验。前者已经完工一半，后者正准备开工，非常期待。

《设计家》：请谈谈接下来您贵所对工作的计划与期许。

施国平、黄晓江：希望每年都能盖好一所房子，带着团队去那里住上一段日子。

荷兰注册建筑师，PURE 建筑师事务所合伙人。2000 年在深圳大学获得建筑学学士学位，2003 年在伦敦 AADRL 获得建筑学硕士学位。拥有荷兰建筑师资质认可。在 PURE 成立之前，先后在英国的 Building Design Partnership 和 Hadfield Cawkwell Davidson 建筑师事务所工作。同时也获得多个建筑竞赛奖项，其中帮助 Building Design Partnership 赢得英国伯明翰新伊丽莎白综合医院规划和设计竞赛，入围 AJ/Urban Splash 举办的 Tribeca 国际建筑设计竞赛。

DESIGN WITHOUT BORDERS
设计无边界

杨沫阳

湖南大学建筑学学士学位及伦敦大学学院建筑设计硕士，中国一级注册建筑师。在英国伦敦与 Christine Hawley、Andrew Porter、 Abigail Ashton 等人成立 METAMODE 设计公司后，于 2008 年在中国深圳创建了 UNIT。

《设计家》：请谈谈贵司秉持的设计理念、建筑主张。

杨沫阳： 我和 UNIT 一直致力于通过多元化的视角和创新设计来拓展建筑学领域，建筑师的工作可以让我们的生活和工作空间不仅舒适优美而且有意思。设计不应只关注使用功能和造型，考虑问题的角度应该是多元化的。

《设计家》：贵司在目前的设计实践中重点关注了哪些问题？产生了怎样的思考？对贵司的设计工作有何影响？

杨沫阳： 我们在实践中不同的项目关注的重点可能会不同，这取决于业主方的企业文化、项目自身的特点，没有局限于某一特定的范围。

《设计家》：近年来，贵司是否在工作中遇到过困难？又是如何解决那些问题的？

杨沫阳： 近年来我们的工作还比较顺利。我们一些有意思的新想法基本上都被业主方接受并逐步实现，我们发现业主方接受新想法的程度比我们预期的要好很多。

《设计家》：请谈谈贵司近期的重要项目。

杨沫阳： 我们近期有两个重要项目即将竣工。一个是深圳 A8 音乐集团总部，另一个是东莞的世界鞋业总部基地 A 区。

A8 音乐集团总部这个项目我们把建筑看成是一个作曲家，它的体量生成基于音符阅读理论，它会对 A8 音乐集团的门户网站的访问流量作出实时反映，通过建筑表面 LED 灯颜色的变化来谱曲。A8 音乐集团总部大厦的立面变成了一个实时互动的立面，它变化的立面由全球访问 A8 音乐集团门户网站的网民共同参与。

世界鞋业总部基地这个项目的设计映射了制鞋工业的过程，会让人产生对制鞋过程的许多联想，我们在观察者与建筑之间建立了一个想象空间的链接。

《设计家》：请谈谈接下来贵司对工作的计划与期许。贵司希望在设计中更多地实践自己的哪些建筑主张？

杨沫阳： 对未来工作的期许总的来说希望能实现更多有意思的项目，但如果要问是想实现哪些主张那就很难回答，因为不同的项目有不同的条件，设计没有边界，这正是设计的魅力所在。

TREATING THE INTERIOR DESIGN, ARCHITECTURAL DESIGN AS A LARGE WHOLE LANDSCAPE

把室内设计、建筑设计都当成一个大的景观来整体对待

罗劲

1982—1987 年 清华大学建筑学学士

1987—1990 年 机械工业部设计研究院福井大学研修

1992—1993 年 京都大学研究生（布野修司研究室）

北京艾迪尔建筑装饰工程有限公司设计总监、总经理。国家一级注册建筑师，中国建筑装饰协会设计委员会副秘书长。

《设计家》：请谈谈贵司秉持的设计理念、建筑主张。

罗劲： 艾迪尔的设计理念主要有以下三点：一是坚持设计构想和建筑完成度的完美结合。设计不仅要有好的构思和方案，还应有较高的建成品质，追求人对建成后的建筑不同层面的完整感受。二是坚持创意设计和甲方对功能、造价等相关实际需求的结合。设计不能站在空中楼阁的高度来进行所谓的原创，要做到脚踏实地，切身体会甲方各种具体需求，真正为他们解决在建筑功能方面的实际问题，在这个基础上，再来追求我们的梦想。三是坚持整体设计的理念。我们不仅仅是建筑师，还要关注一些室内的细节，甚至室内的一些配饰、家具等细部处理。我们不是单纯地做一个大框架，却不清楚它的内部、细部的东西，也不顾它的外部环境。我们坚持的是既做室内设计又做建筑设计，把室内设计、建筑设计当成一个大的景观来整体对待。

《设计家》：贵司在目前的设计实践中重点关注了哪些问题？产生了怎样的思考？对贵司的设计工作有何影响？

罗劲： 我们的客户都是顶级的创新企业，比如腾讯、小米、网易等，都是新兴经济的龙头企业，是朝阳企业的标杆，这就要求我们的设计要有创意，要能引领时代。在这种情况下，公司所做的内容和形式就有了方向：我们希望达到设计整体高度的内外统一，强调设计与环境的协调，内外的相容，内部层次与外部空间形成一种整体序列感，所以我们一直强调我们做室内设计也是在做建筑设计和景观设计，做建筑设计也是在做室内设计和细部设计。这是我们对于设计的一个基本思考。

《设计家》：请谈谈贵司近期的重要项目。

罗劲： 近期的重要项目有如下几个：新华 1949 园区的中心会所即将完工，项目设计很有意思，建成后将会是整个园区的焦点；马上要完工的京广中心的商务独栋办公楼、中发集团的办公楼也是由我们做的整体设计；还有比较值得期待的是和运集团的项目，正在施工。

《设计家》：请谈谈接下来贵司对工作的计划与期许。

罗劲： 艾迪尔正在作上市准备，期许能顺利上市。就远期规划来讲，无论公司发展到多大规模，或是上市以后公司架构发生变化，作为艾迪尔这个团队，永远走的是精品路线，会一直秉持认真做事、精益求精的精神，在设计领域进行更深层次的钻研。

商业 综合体
COMMERCE & HOPSCA

FUZHOU WUSIBEI THAIHOT PLAZA
福州五四北泰禾广场

项目地点：福建福州
项目进度：2014 年建成
总建筑面积：300 000 平方米（地上建筑面积：212 600 平
　　　　　方米，地下建筑面积：87 400 平方米；商业：
　　　　　100 890 平方米，SOHO：199 110 平方米）
主要材料：复合铝板
建筑设计：SPARK（思邦）
室内设计：SPARK（思邦）
项目总监：Jan Felix Clostermann
设计团队：Mingyin Tan、Christian Taeubert、Jian Yun
　　　　　Wu、Ben de Lange、Emer Loraine、Wang
　　　　　Haiyan、Leo Micolta、Cary Cheng
摄影：Shuhe

关键词
复合铝板
曲折线条的外立面
商业流线

项目概况

　　项目位于福州核心区五四北大街秀峰路，设计彰显并强调了泰禾作为具有前瞻性视野的零售商业开发商的独特品牌特征。设计将广场、街道和商场内部等元素有机地糅合成了一个环形的延续路径，并由此将建筑转换成了一个充满动感和能量的有机个体。每天 12 小时的购物活动主要集中在一座 7 层的商场内，自下而上流线型的动线设计将引导顾客通往商场的顶层，当这里全天候的餐饮娱乐和电影院等设施全部启动时，商场内便出现了一道 24 小时人流熙熙攘攘于集市间的独特风景，这不仅吸引着游客们纷纷来此驻足休憩、购物休闲，更使得这里成为人们社交娱乐的新地标。

设计理念

　　根据历史记载，马可·波罗到访福州之后，将其描述为一个如宝石般珍贵的重要商业中心。福州五四北泰禾广场的造型就仿佛一块珍宝，镶嵌在福州市中心，作为一个崭新的城市地标建筑，让人们发出无尽的赞叹。

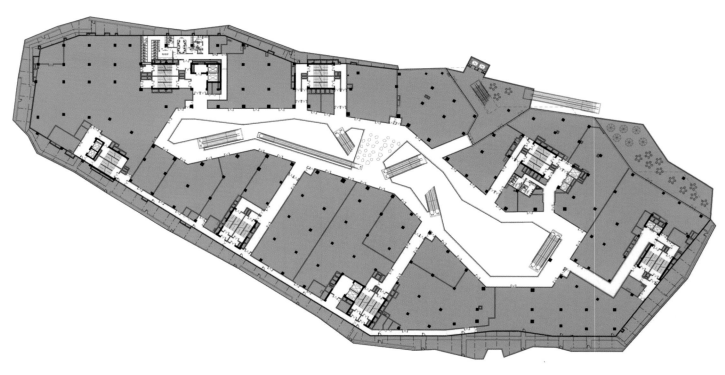

平面图

01 建筑远景
02 建筑外立面通过三角板块自然地构筑成曲折的线条
03 建筑夜景

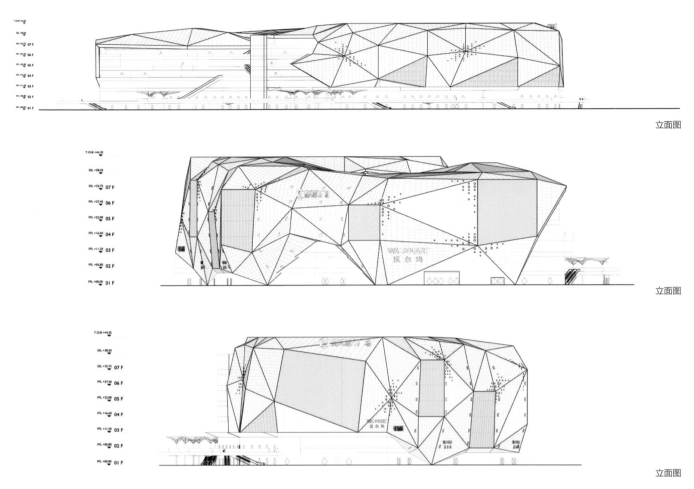

立面图

立面图

立面图

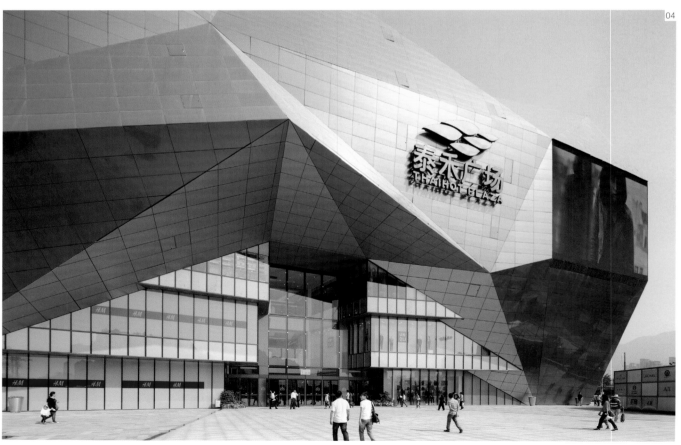

04 建筑外立面通过三角板块自然地构筑成曲折的线条
05 广场内街夜景

设计特色

建筑

　　建筑造型由多组三角板块组成，板块间的排布定位结合了平面商业功能和不同的立面要求。通过板块组的功能定位自然地构筑成建筑曲折的线条。这种形式与功能相结合的设计理念，不仅将人流引导进入到商业街，同时更将各个店面的外形塑造成整体灵动的线条，曲折的线条化店面相互映衬，使得购物者无论身处哪一个角度，都会有一间面向他们的店面在恭候光临。此设计手法最大限度地提升了商业街内部的购物体验。

　　幕墙材料的选用是外立面设计的又一亮点，通过运用绚彩复合铝板，形成了一个色彩缤纷的外幕墙效果。同时，出于渲染整体商业气氛的考虑，幕墙结合了一些必要的展示功能如广告标识、灯箱和三个 LED 屏幕，朝向人流活动的主要区域，加强了商业的综合气息。此外，被设计在复合铝板上的洞口通过其后面所带的暗藏灯箱，在晚间射出柔和的点式灯光，形成了繁星点缀的效果。

06 07

06-07 室外交通流线——扶梯

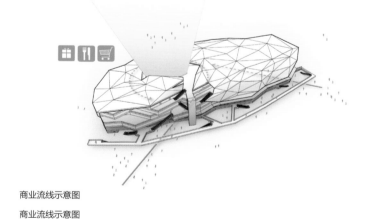

商业流线示意图
商业流线示意图

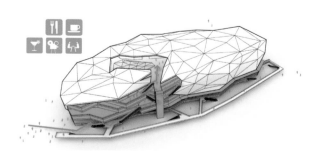

商业流线

多数的综合性购物商场会将电影院和KTV等一些空间设置在商场的顶层，此类商业一般营业至深夜凌晨时分，有别于其他主题性店面的营业时间。这样在深夜凌晨观赏完电影或结束唱歌后，如果只有简单的疏散流线设计，就只能通过扶梯进入到商场室内再到达出口，这样的商业流线非常不理想。

为了解决这个问题，项目设计了两个互为辅助的商业流线：12小时流线和24小时流线。正常营业时间的商店都组织在建筑的商场群楼以内，形成购物商场内的12小时日间流线。与此同时，也在室外增加了24小时的全天候流线。24小时全天候流线通过在外幕墙部分设置垂直交通流线如电梯/扶梯，并在当中适当地增加商店延伸的室外集散平台，直达顶层24小时营业的商业功能空间如电影院、KTV或餐饮空间。

这样的流线设计，使得当购物商场关门以后，仍然在光顾24小时功能空间如电影院、KTV或餐饮的人们还有另一个有趣的室外流线可以通达顶层空间与地面出口。在这种流线空间中，中小型的晚间商业空间如餐饮空间、咖啡厅等可以设计在其中，并结合户外交谈观景平台，形成更加富有活力和色彩的整体户外商街。

08 入口
09 室内走廊

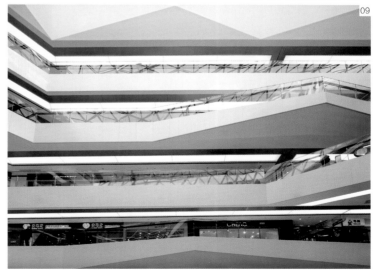

室内

　　作为外立面延续进入室内的晶体 LED 广告悬吊于中庭，成为商场的视觉中心。质朴的白色室内中庭由于具有雕塑感的位于中庭中部的彩色扶梯而生动起来。线形 LED 灯极具仪式感地悬吊于室内广场。错落布置在连廊上的内置 LED 灯，如同散发着炫目光彩的宝石，吸引人们驻足与探索。

　　室内主要的材料为黑色与白色合成石、拉膜灯箱、彩色夹胶玻璃、彩虹亚克力板、铝板及高强石膏板等。

10-12 白色室内空间及灯光布置
13-14 室内白色连廊及彩色扶梯的相互映衬

11 | 12

13 | 14

15　16

17

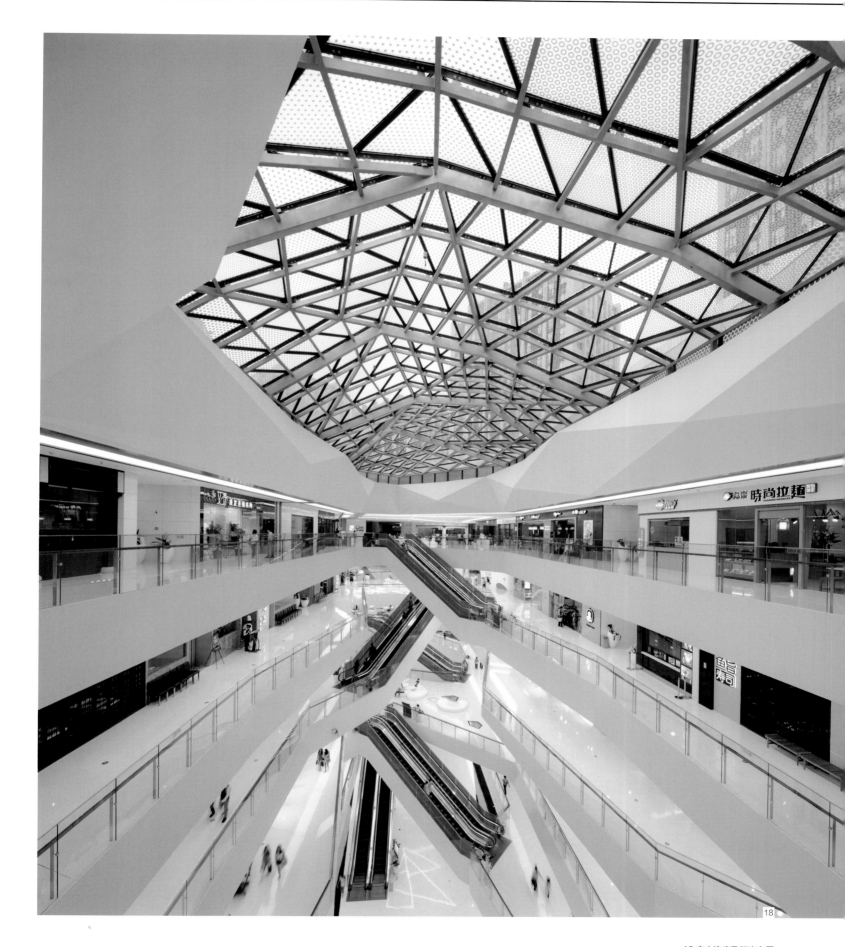

18

15 室内连廊及灯光布置
16 彩色扶梯细部
17 室内彩色扶梯
18 室内中庭及彩色扶梯

SHANGHAI K11 SHOPPING ART CENTER

上海 K11 购物艺术中心

项目地点：上海黄浦区
项目进度：2013 年建成
项目面积：9 100 平方米（建筑立面）
　　　　　35 500 平方米（楼层面积）
建筑、室内设计：Kokaistudios
首席建筑师：Andrea Destefanis、Filippo Gabbiani
建筑设计经理：Pietro Peyron
室内设计经理：李嘉雯
设计团队：王芸、李伟、余立鼎、成昆、尧云
合作设计：同济大学建筑设计研究院
摄影：Charlie Xia、K11

关键词
中庭瀑布
天棚

项目概况

　　K11 购物艺术中心坐落于上海市中心淮海路的黄金地段。建筑总面积 9 100 平方米，设计中修缮裙房建筑立面完美地将新旧结合，守旧与创新的平衡运用创造出绝佳的效果，设计在重视淮海路历史建筑和新世界塔楼原始设计的的同时，也满足了在高密度环境下商场及租户对视觉通透性的需求。

设计特色

　　商场的六个楼层在视觉上透过位于中庭由地面展开的天棚达到良好的连结及延续。由玻璃建造的有机形态天棚总面积达到 280 平方米，造型独特的设计在建设过程中，依赖特殊的软件协助在工程机械、几何力学及方位上的操控，其独特的辐射三角状玻璃拥有绝佳的透视性，每个节点形状独特，皆是通过特别定制而成。

　　商场出入口及循环的动线在配置上透过节节围绕中庭的方式，将"想象之旅"和艺术展示、公共区域、高科技区域纵横错落地交织在一起，并借由生活元素与自然素材增添其人文内涵。

位于中庭拥有9层楼高的瀑布，透过自动电感随着气候条件优化系统调节水量，是亚洲最高的户外水幕瀑布，超过2 000平方米的垂直绿化墙可将收集的雨水为建筑物冷却系统使用。

位于三、四楼的餐饮设施，拥有一座城市农场，可直接通往绿化完善的屋顶花园及停车场，是繁忙拥挤的商业街上难得的都市绿洲。面向中庭的走道玻璃窗在好天气时可向阳台滑动推开，轻易地将室内艺术空间转换成俯瞰中央庭院的通透场所。

透过位于地下三楼的私人美术馆，K11将永久收藏的艺术品展示在商场内，无论是开幕、活动、讲座、设计竞赛或是展览，都让艺术走进生活，促进群众的参与。

白天阳光透过玻璃天棚照射到商场地下二层楼，而到了夜晚，地下商场内的灯光提供了一个由内向外的光源将地面楼层照射得金碧辉煌。这种视觉整合的方式运用在商场的所有公共区域，以人作为设计出发点，引发看与被看之间的相互关系。

此项目除了获得"LEED金级认证"外，在设计中也加入了不同的节能战略以提高能源的使用效率，降低"热岛效应"及减少用水。可持续性材料的应用和无障碍公共交通的布局也是此次设计的重点。

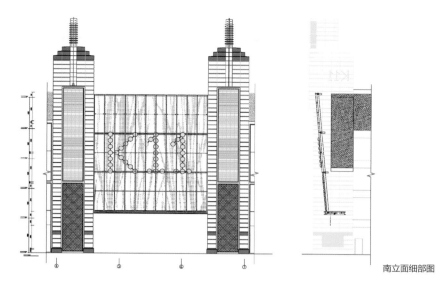

南立面细部图

01 建筑局部外立面
02 主入口外立面

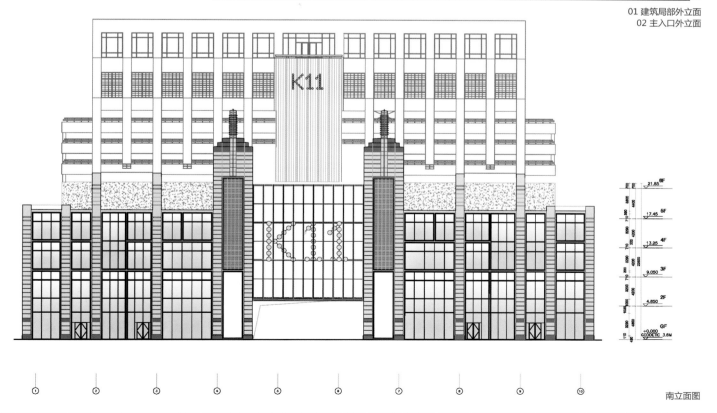

南立面图

03 内庭院及垂直绿化墙
04 庭院中的瀑布

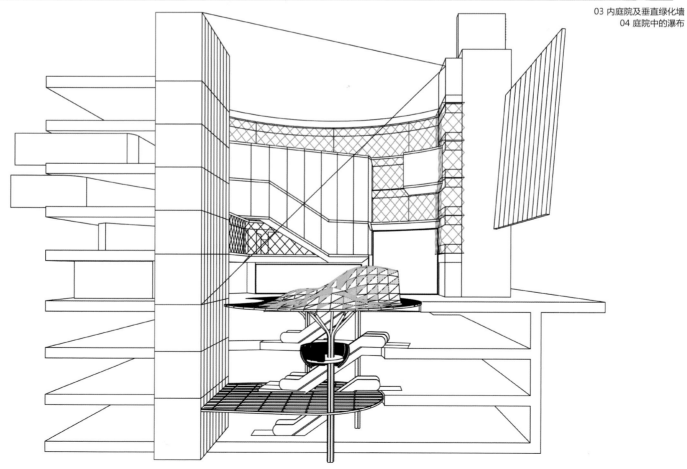

庭院剖面图

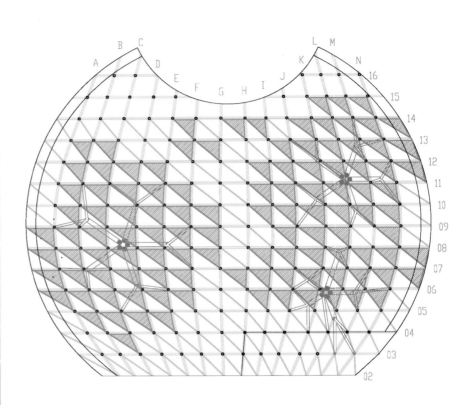

天棚图纸

1. Rooftop Garden   ★ Art Works
2. Indoor Parking
3. Cafes

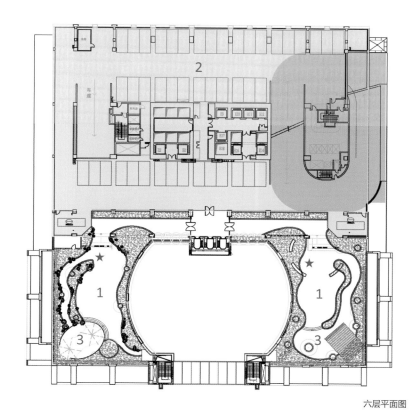

六层平面图

05 天棚及户外瀑布
06 内庭
07 屋顶花园

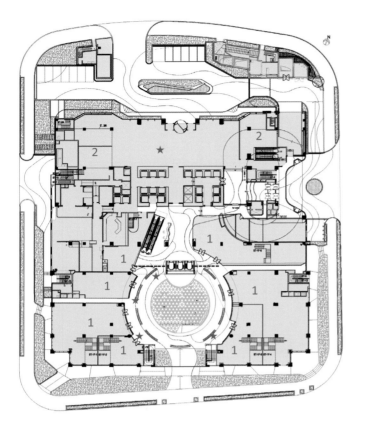

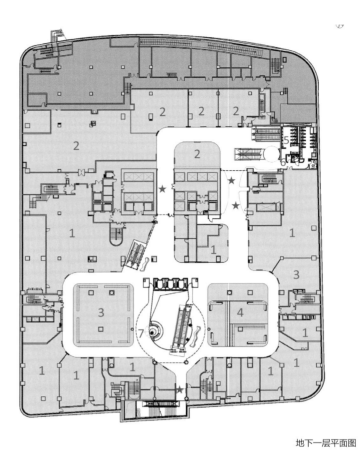

一层平面图

地下一层平面图

08 室内有机组织及自然材料
09 地下一层树状结构及玻璃屋顶

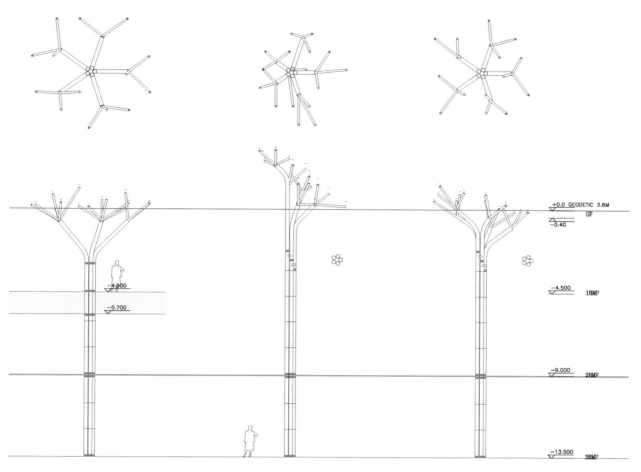

+0.0 GEODETIC 3.6M
GF
−0.40

−4.500
1BMF

−9.000
2BMF

−13.500
3BMF

树状结构

SHANGHAI SONGJIANG WANDA COMMERCIAL PLAZA

上海万达松江商业广场

项目地点：上海松江区
项目进度：2014 年建成
占地面积：50 930 平方米
总建筑面积：231 700 平方米
建筑高度：100 米
主要材料：穿孔板
建筑设计：HMD

关键词
立面
主入口

项目概况

项目位于上海市松江区中山街道（国际生态商务区 9 号），总规划用地面积约 9.27 万平方米，规划总建筑面积约 32.29 万平方米。设计总建筑面积 31.67 万平方米，其中计容建筑面积 23.17 万平方米，地下建筑面积 8.50 万平方米。项目涵盖了商业中心、万达百货、万达国际影城、电玩城、KTV、电器商场、室内步行街、室外步行街等设施，是融购物、餐饮、文化、娱乐及休闲等多功能为一体的大型城市综合体，目前在国内属于绝对领先地位的第三代城市综合体，将成为松江新城高端的大型休闲消费场所。

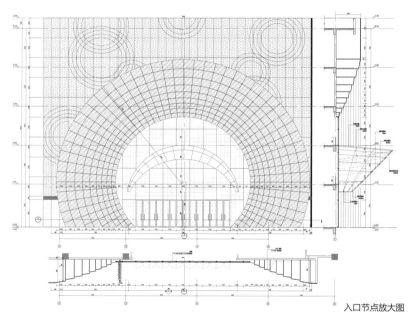

入口节点放大图

01 夜景
02 室内商业街主入口

01

设计理念

松江因水得名，水也是江南园林的核心特色，这里到处都有与水有关的文化传承，其中醉白池是江南著名的古典园林之一，小桥、流水、亭台、楼阁，各种各样的传统建筑组成了迷人的江南建筑群落。

设计方案以水滴为切入点，融合古典建筑文化，试图使用现代的材料和手法与传统的风格相呼应。细雨、荷塘、园林是江南景致的缩影，设计从中汲取灵感，引入穿孔板材料，并精心设计了独特的纹理，形成水晕的意境。穿孔板结合 LED 灯光，在夜间也能形成色彩变幻的"水幕"。

在室内商业街的主入口设计上，融合中国园林中月亮门的概念，利用玻璃层层迭退的手法使主入口形成旋涡一样视觉冲击力，吸引人流进入商场，成为强烈的视觉中心。

古典园林中精致的木雕构件是建筑的精髓，挂落、花窗、门扇都有着精美图案。在室外商业街的设计中，我们吸收古典图案在重复中变化的特点，通过模数化立面设计，采用变化拼图的方式，形成富于变化又形式统一的立面肌理。妥善解决了平直商业街空间单调的劣势，达到步移景异的效果。

四栋 SOHO 高层通过窗户大小的变化形成水波纹的效果，成为大商业的背景图案。而整个图案纹理又是变化的，犹如一个平静水面激起的涟漪扩散到远处。

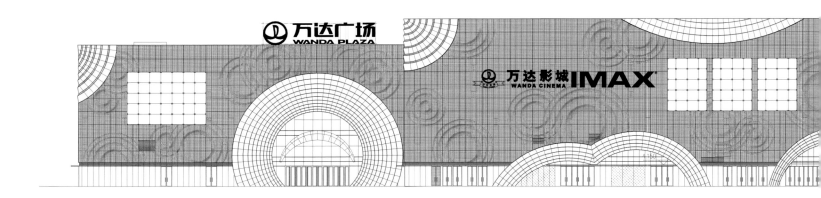

大商业节点详图   大商业节点详图

03

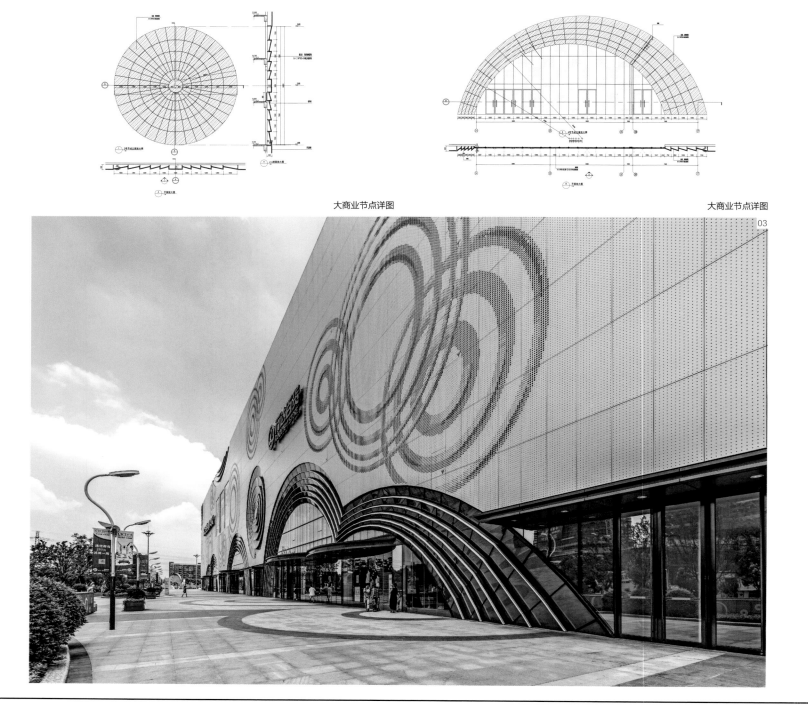

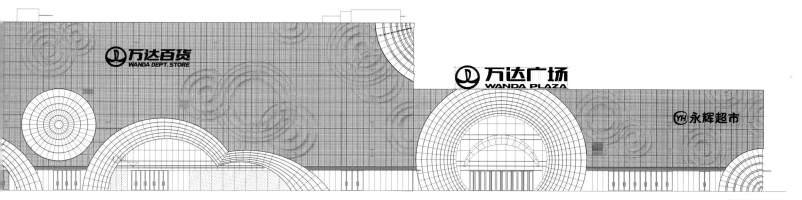

大商业南立面图

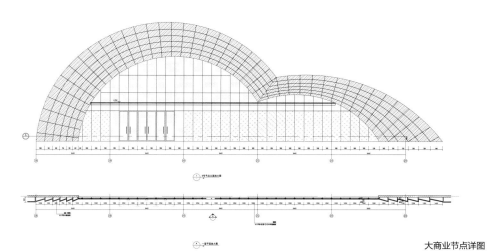

03-04 大商业南立面

大商业节点详图

05

06

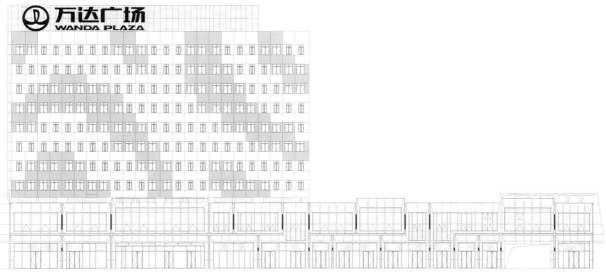

05-06 室外商业街
07 公寓外立面

公寓立面图

NANJING ZIJIN UNION SQUARE LOFT

南京紫金联合立方广场

项目地点：江苏南京
项目进度：2013 年建成
建筑面积：46 000 平方米
主要材料：面砖
建筑设计：张雷联合建筑事务所
设计团队：沈开康、戚威
摄影：侯博文

关键词
倾斜交错的外立面凸窗
社区商业
立体化的商业空间

项目概况

　　项目总用地面积 31 000 平方米，总建筑面积 46 000 平方米。位于南京交通枢纽新庄高架桥西北侧，南看国展中心，北靠红山，西接南京火车站，且毗邻 2014 年即将通车的地铁 3 号线新庄站——地标的汇聚令人们对这片土地的发展充斥想象。

总平面图

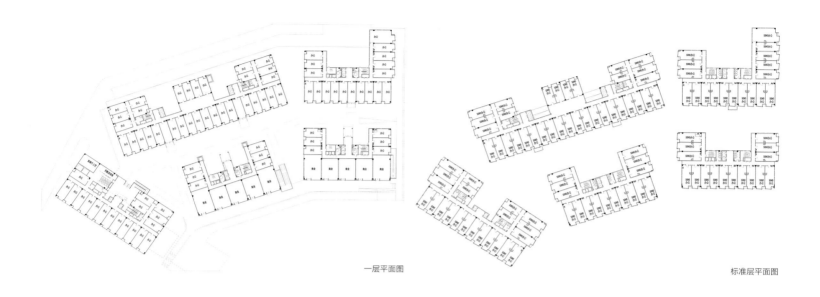

一层平面图

标准层平面图

01 项目周边环境
02 广场入口

03

03 建筑正立面
04 建筑物细节
05-06 广场夜景

04

05

设计理念

地下购物超市,是南京紫金联合立方广场最重要的商业业态之一。地上是近7 000平方米的公共休闲绿化广场,地下是近8 900平方米的大型社区超市。紫金联合立方广场地下商业的开发,在降低了容积率的同时还实现了商业指标,满足了业主需求,冬暖夏凉的地下环境也节省了项目能耗。地下空间的充分利用不但降低了商业对地上住户的干扰,还大幅增加了社区公共活动空间与景观绿化面积,大大提升了办公与居住环境的舒适度与宜人感。

除了地下大型购物超市,紫金联合立方广场还聚集了包括SOHO办公、餐饮、零售等多样化产品业态。

LOFT挑高空间,是紫金联合立方的业态,主力户型单元面积60平方米,是宜商宜住的SOHO类型产品。5.6米的挑高,较大多同类产品高度更高,空间感更舒适;两层高的空间强调不同功能的格局分配,从使用习惯上打破了平层空间的局限,赋予产品多样化的使用功能。

设计特色

建筑设计则以倾斜交错的外立面凸窗作为造型语汇,形成既有秩序感又富有变化的形态。几何肌理的深色面砖,通过精致的比例和细节控制,创造兼具高端品质和温馨生活氛围的时尚社区。

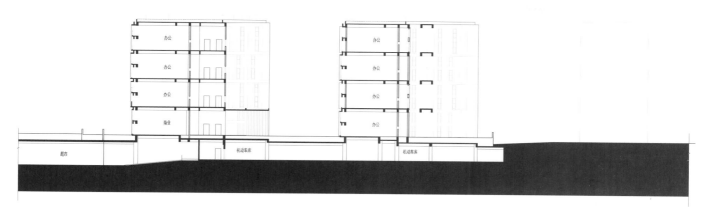

剖面图

THOUSAND ISLAND LAKE PEARL SQUARE AND AXIAL CREEK

千岛湖珍珠广场及中轴溪

项目地点：浙江千岛湖
项目进度：2013 年建成
建筑面积：24 170 平方米
建筑设计：浙江绿城东方建筑设计有限公司
景观设计：杭州绿城风景园林设计有限公司、上海意格环境
　　　　　设计有限公司
幕墙设计：杭州中南幕墙工程有限公司

关键词
步行街
亲水商业体验

项目概况

　　珍珠半岛是千岛湖着力打造的一个新城，位于一片狭长的山坳地带，西端高处为华数机站，东端低处面朝千岛湖辽阔水面。由于华数机站日常会产生大量的冷却用水，因此本项目因势利导，在整个新城由西向东设置了一条东西向贯穿新城的景观溪流——中轴溪，并在溪水汇集的东端结合行政中心设置珍珠广场作为景观节点。

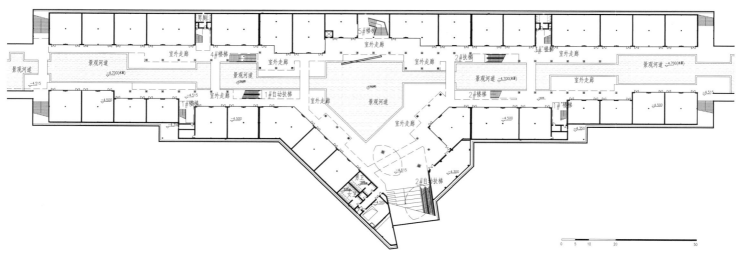

地下一层平面图

01 步行街成为溪水冲刷的大地切口
02-03 步行街设计结合上游基站冷却水，形成一条内向的商业水街

设计理念

如何将步行街融于并成为景观本身是我们思考的开始。我们希望步行街成为溪水冲刷的大地切口，因此需要将这1万多平方米的建筑"藏"在景观中。溪水标高比步行街外部地坪平均低3米左右，为了获得较好的亲水商业体验，我们将步行街的首层降到溪水标高，而入口层设在外部地面标高。为了与溪流上下游的景观融合，商业层数沿溪流调整。同时，步行街屋顶作覆土草坡的处理。

04 咖啡厅
05 广场服务中心
06 西餐厅

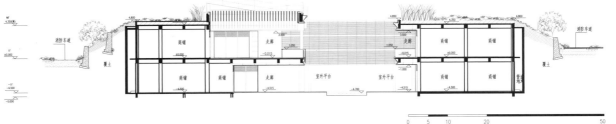

商业街剖面图

07

07 珍珠贝眺望台
08 商业建筑
09 广场服务中心两个互相垂直的长方形体量相交叉

　　受代建方委托，我们在珍珠广场设计了餐厅、茶室、广场服务中心、珍珠贝眺望台、咖啡厅、茶餐厅、西餐厅、商业步行街等景观商业建筑。业主希望这些建筑既能为未来的新城提供一些商业功能，又能和周边景观相得益彰。通过对地形的研判和整理，充分分析湖面、溪水、坡地、远山等景观要素，我们对每个单体采取了不同的设计策略。

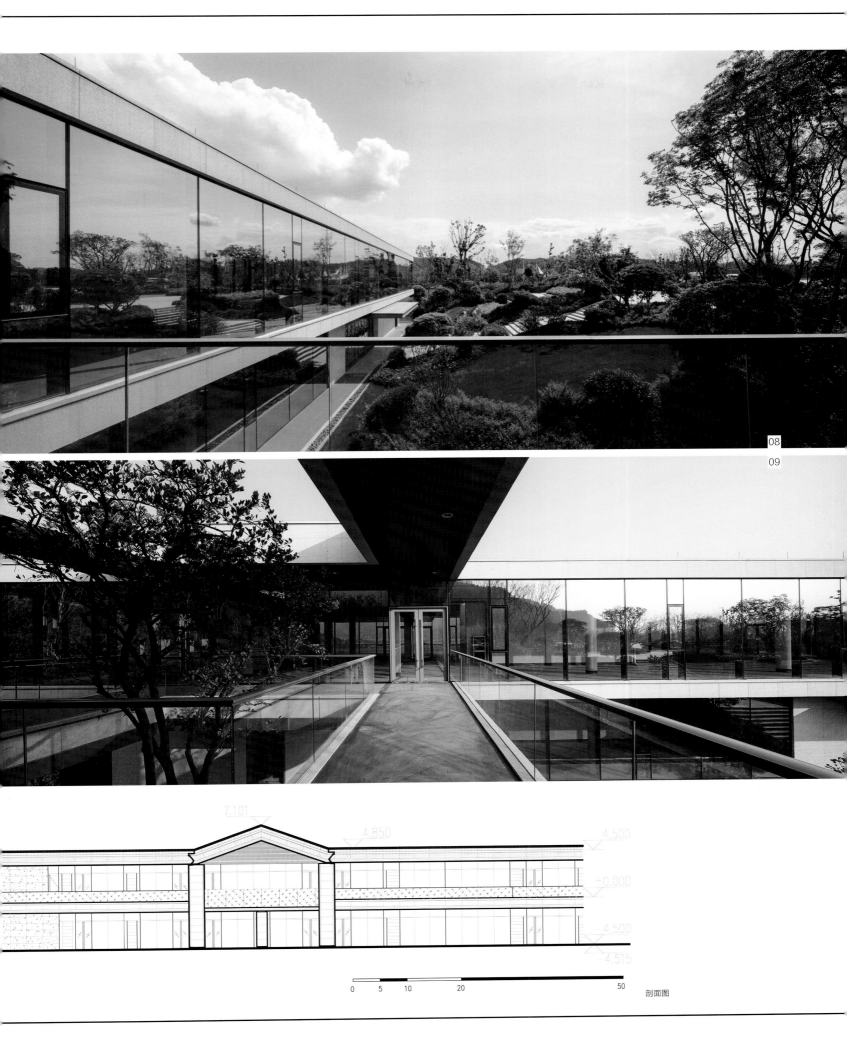

剖面图

SAPPHIRE MANSION
蓝色钱江

项目地点：浙江杭州
项目进度：2013 年建成
建筑面积：406 800 平方米
主要材料：玻璃
建筑设计：浙江绿城东方建筑设计有限公司
景观设计：美国 LIFESCAPES INTERNATIONAL
室内设计：法国 PIERRE-YVES ROCHON

关键词
玻璃幕墙
住宅外立面

项目概况

    蓝色钱江项目开始于 2008 年夏天，位于杭州新市中心——钱江新城核心区西侧。项目东隔望江东路，与望江公园相邻；南临之江路，饱览以涌潮闻名的钱塘江江景；西靠闻潮路与城市绿地；北傍新塘河及景观绿化带。基地坐拥繁华都市和浩淼江景。用地被道路划分为南北两块，总用地面积约 8.4 万平方米。整个项目包含精装修高层公寓、五星级酒店、银行办公及精品商业街。

01 玻璃幕墙与天空、水景等城市景观的交融

01

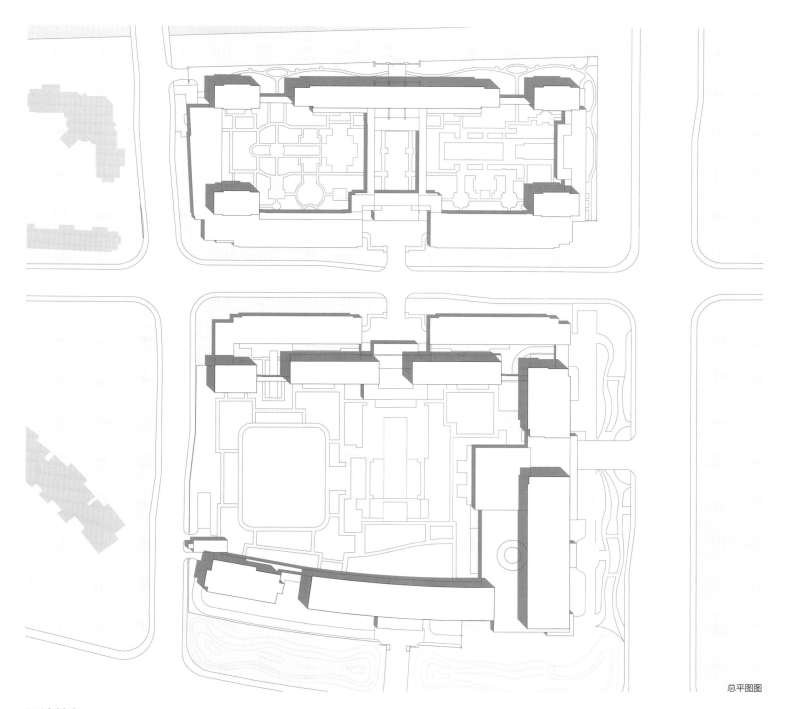

总平图图

设计特色

考虑到项目作为一个区域的城市综合体，住宅、酒店、办公、商业等集中在一块建设用地上，建筑形式必须有统一性，并形成标志性。项目选择了玻璃幕墙的形式，玻璃幕墙的外形感官恰恰满足上述要求；同时考虑到整个项目容积率高，建筑体量在高度和宽度上都偏大，易产生压迫感，以玻璃幕墙适度反射天空、江水等城市景观，能有效削弱这种感觉；另外，项目位于钱塘江边，玻璃幕墙让建筑景观面最大化，使建筑内部与城市景观相互交融。

玻璃作为现代工业材料，以玻璃为主的材质在住宅上的运用与传统意义上人对居住环境的认知有一定距离。所以，设计也从两方面来缓解这个问题，一是从技术角度使材料满足居住环境的需求，设计选用单元式幕墙形式，并对幕墙的型材节点、玻璃参数进行了再三讨论修改，以满足各方面的要求；另一方面更重要的是在整个设计过程中

从审美的角度，运用玻璃表达传统美学的精神，拉近人与现代材料的距离。在解决这些问题之后，玻璃的优势反而被发挥出来，比如视线的通透、空间的开敞、内外的互动。

住宅设计在很大程度上需要考虑客户的使用感受，规划中，有三个关键的节点：小区入口，结合雨篷、风雨连廊、大堂等，让住户从进入小区就产生安全感和归属感；地面及地下单元入口，结合门厅、架空层等，增强入口的辨识度、灰空间的实用性；住户入口，每户均设独立电梯厅，保证客户的私密性。户型设计针对南北两个地块不用的客户群：北区是改善型住户，设计上主要考虑实用性，设置必备功能用房，同时更讲究空间的紧凑性；南区更多的是追求居住舒适和生活品味的住户，除了各功能房间更齐备、宽敞外，各空间的组合、过渡成了设计的关键。

02

02 沿街外立面
03 大堂面向水院设置高大宽敞的檐廊空间，实现室内外空间的过渡与延伸

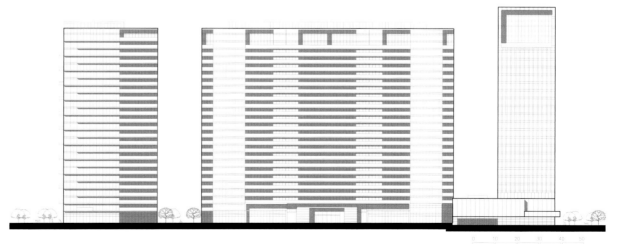

南立面图

04

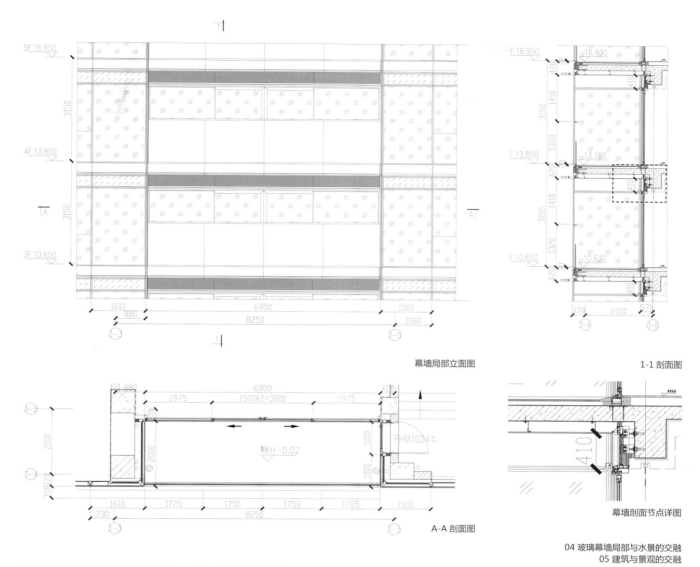

幕墙局部立面图

1-1 剖面图

A-A 剖面图

阳台H-0.02

FHM1024乙

幕墙剖面节点详图

04 玻璃幕墙局部与水景的交融
05 建筑与景观的交融

DALIAN WANDA CENTER
大连万达中心

项目地点：辽宁大连
项目进度：2013 年建成
建筑面积：150 000 平方米
建筑设计：艾麦欧（上海）建筑设计咨询有限公司

关键词
塔楼
外围结构柱

项目概况

　　大连万达中心集顶级写字楼、酒店为一体，具有极重要的商业和文化价值。项目定位为万达集团的一号项目，除秉承万达建筑一贯的简洁、现代的设计风格，设计更充分展示了万达的实力与领先的技术，成为城市的地标。建筑与海滨相接，形成如梦如幻的人间仙境感。

设计理念

　　本项目临海而建，为两栋超高层塔楼，设计采用了双龙出海"节节高"的好意头，通过改变外围结构柱外露部分的进深形成退韵变化的肌理，每节退韵单元的高度均呈黄金分割比进行收分，使得楼体犹如出海蛟龙，又如燃烧的火焰。

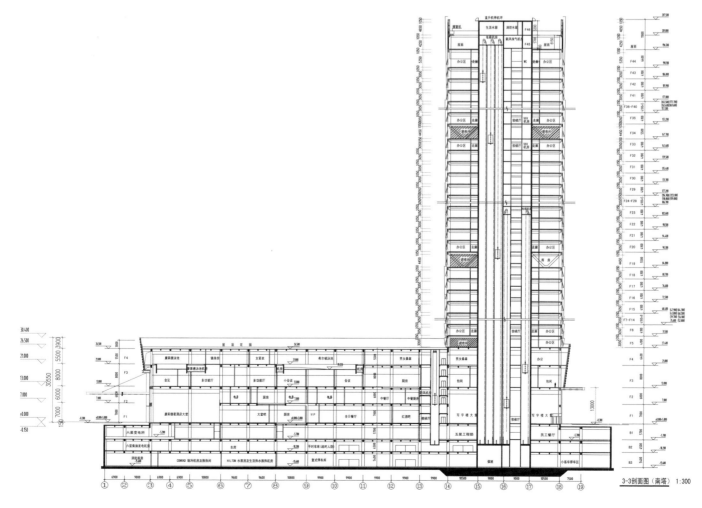

3-3剖面图（南塔）1:300

3-3 剖面图（南塔）

01 塔楼立面局部
02 两塔楼立面
03 塔楼基座近景

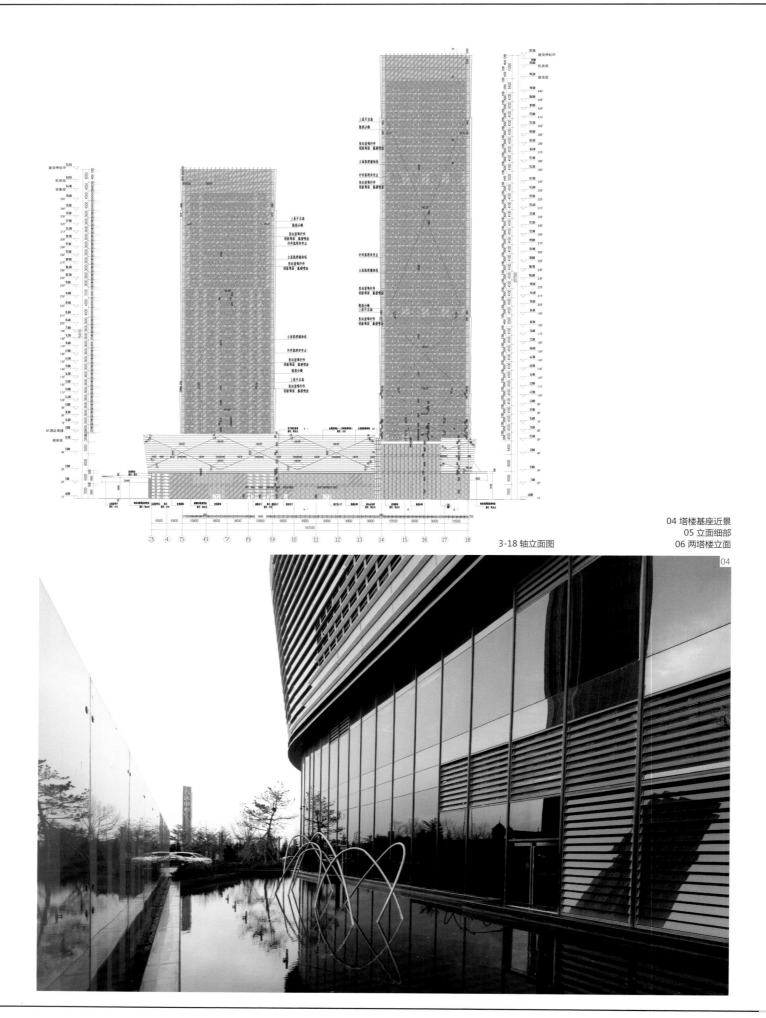

3-18 轴立面图

04 塔楼基座近景
05 立面细部
06 两塔楼立面

04

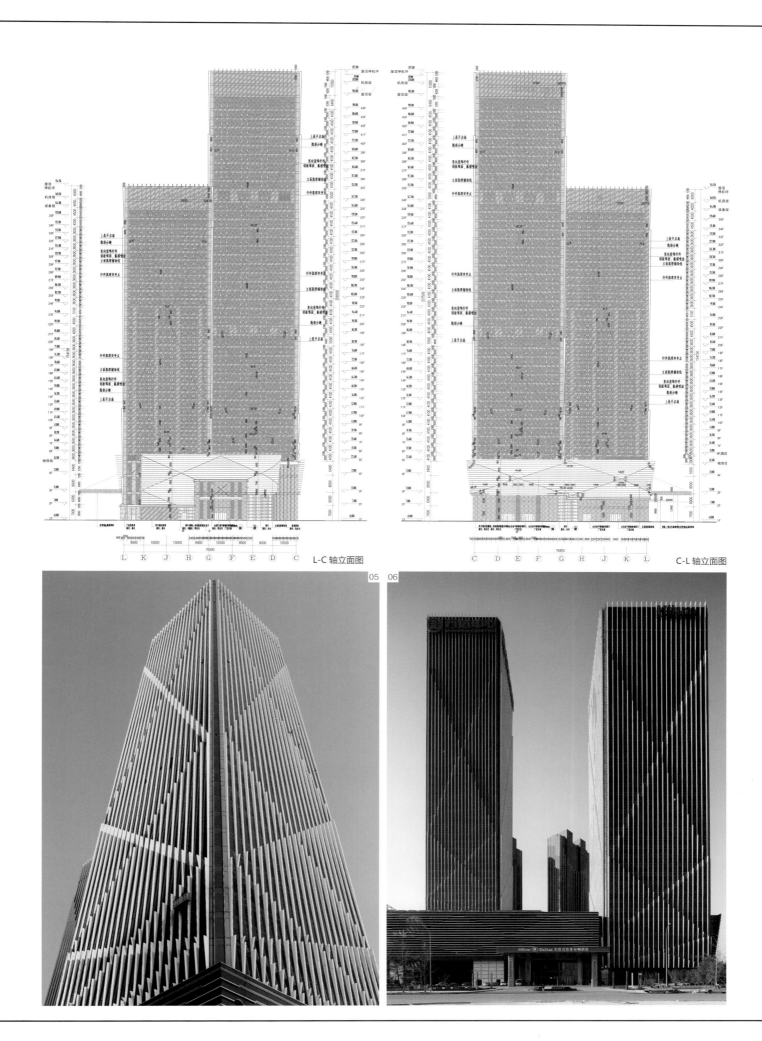

L-C 轴立面图

C-L 轴立面图

05 06

THE MID TOWN
都荟豪庭

项目地点：上海闸北区
项目进度：2012 年建成
建筑面积：148 000 平方米
主要材料：金属釉面砖、石材、铝板、玻璃
结构形式：框架剪力墙结构、框架结构
建筑设计：何显毅建筑工程师楼地产发展顾问有限公司
主设计师：何显毅、徐芸霞、李玉倩

关键词
竖向规划
外立面

项目概况

本项目位于上海市闸北区芷江西路以南，大统路以西，普善路以东，普善横路以北，属于内环线以内的核心老城区，毗邻上海火车站，紧靠地铁 1 号线中山北路站，交通极为便利，消费潜力巨大，是上海最繁华的区域之一。

项目周边住宅密集，受到既有建筑日照制约，沿芷江西路侧可建建筑体量较小，与项目的高容积率相冲突。同时地块呈狭长三角形，土地利用率较低且功能复杂，不利于组团流线组织与管理。周边现状多为小型中低档沿街商业，不利于商业成行成市氛围的打造。但随着政府对火车站附近区域的规划整合，周边区域的整体形象提升，将大大优化区域品质，吸引高素质消费群体。

项目建设用地 20 000 平方米，将打造集商业、办公、居住、休闲于一体的多功能综合体。拟建建筑面积 148 000 平方米，其中住宅 60 000 平方米，公寓式办公 20 000 平方米，地上商业用房 180 000 平方米，地下国际卖场 140 00 平方米，会所 4600 平方米，地下车库 31 400 平方米。

总平面图

设计特色

规划设计

规划通过竖向划分空间，分层管理不同功能，将住宅主体设于地上三层及以上，利用底部商场作为小区的外围隔护，3栋住宅围绕三角形基地进深最大处布置，围合出中心大绿洲花园，在有限的空间内打造最宽敞的视线和景观；在三角形基地东端进深最小处，三面临街，具有很强的形象展示优势，设计布置公寓式办公，打造标志形象，填补区域产品空缺。

商场设于商业价值最大的芷江西路沿街建筑底部二层，在两主楼中间部位形成核心商业节点，商业主动线收放有致。地下一层为国际卖场，主入口分设于商场两端，最大限度吸引商业人流。

单体户型设计

住宅房型规整实用、紧凑高效，都能自然采光、通风，特设超大阳台，简单封闭即可作为书房使用。公寓式办公设有多种产品，均设独立厨卫，可适应办公、居住、SOHO等多种需求。

01 鸟瞰图
02 沿街立面

外观设计

本项目因为日照限制，建筑轮廓高低不平，天际线不够完整，设计将住宅立面作公建化处理，通过现代风格设计手法，采用横线条与横线板，加强建筑的整体感，弱化参差不齐的建筑体量，而穿插的竖向构成体量，强化了建筑的核心感。住宅外墙采用金属釉面光泽的通体砖，公寓采用铝板幕墙，商业采用全进口石材干挂，体现时代风尚与奢华气质。

环境设计

结合项目定位，将景观风格打造为时尚 Art Deco，切合年轻消费群体的流行思潮。在有限的空间内，打造多层次主题，从入口形象区、展示通过区逐渐转至休闲驻留区，令狭小的区内空间小中见大，步移景异。丰富的色彩对比，适当的金银灰色系作为点睛，配合精致的LOGO 标牌设计，体现小区低调的奢华时尚氛围。

商业区景观以流畅动感的曲线、精致的图案、开放的绿植点缀，强调四个商业主节点，以减弱商业街过长、硬质铺地偏多带来的乏味感。商场顶部均设屋顶花园，多方位提供景观展示。

1 幢（1#2#3#）立面图

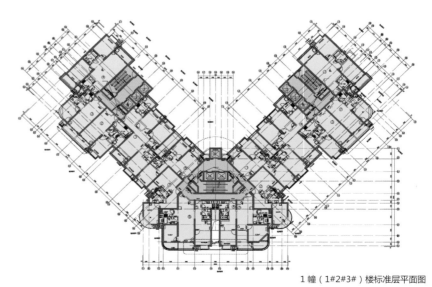

1 幢（1#2#3#）楼标准层平面图

03 住宅立面
03 04 商业立面

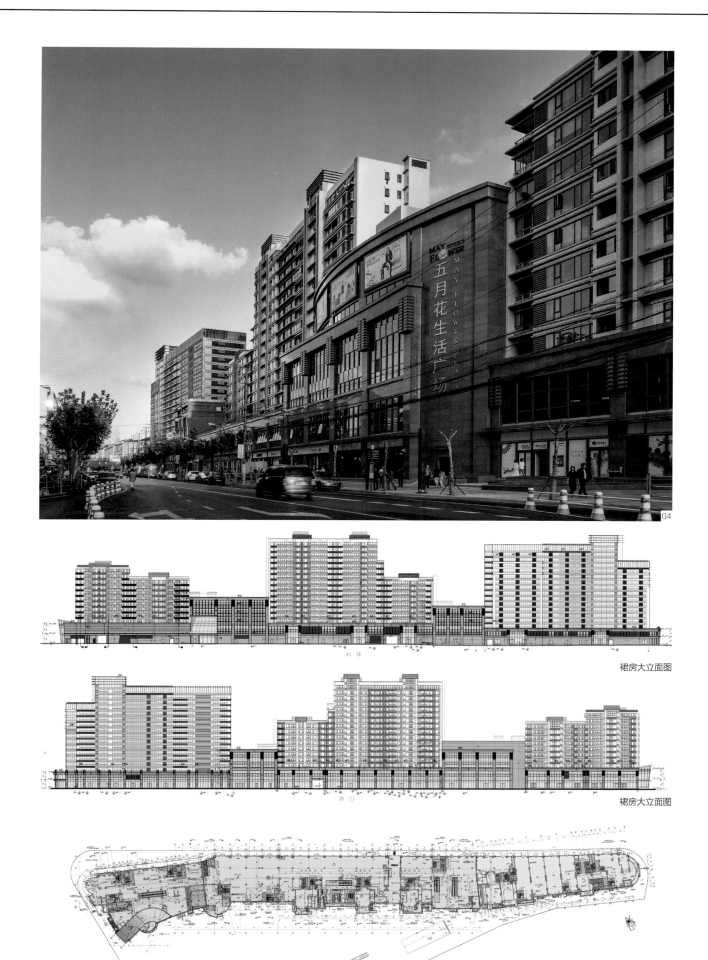

裙房大立面图

裙房大立面图

商业裙房一层平面图

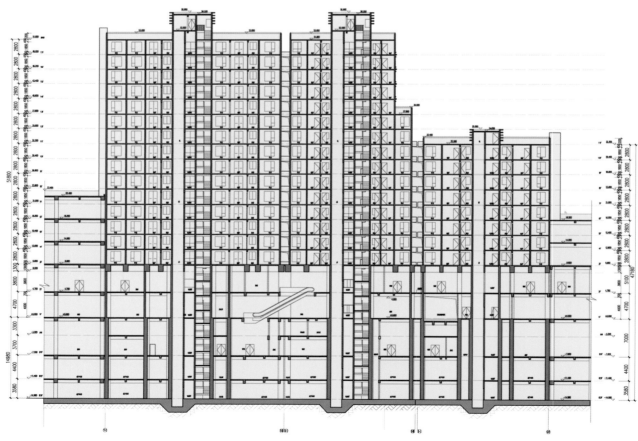

3幢（5#6#7#）楼 1-1 剖面图

05 办公立面
06-08 室内

SHANGHAI ARCH
上海金虹桥国际中心

项目地点：上海长宁区
项目进度：在建
基地面积：35 494 平方米（一期）
总建筑面积：262 476 平方米（一期）
建筑设计：约翰·波特曼建筑设计事务所、
　　　　　华东建筑设计研究院
景观设计：阿诺德事务所
幕墙顾问：ALT Limited
机电设计顾问：Newcomb & Boyd
摄影：Luo Wen / VMA VISUAL
图纸提供：约翰·波特曼建筑设计事务所

关键词
空中天桥

项目概况

　　上海金虹桥是一个大型综合体项目，位于中国上海虹桥经济技术开发区。项目分期建设，一期目前正在施工中，建设内容包括办公和零售商业，二期将包括一个 350 间客房的商务酒店。

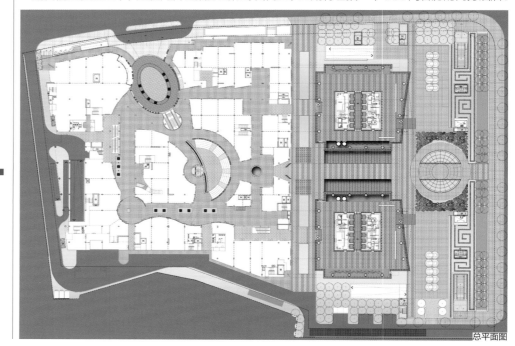

总平面图

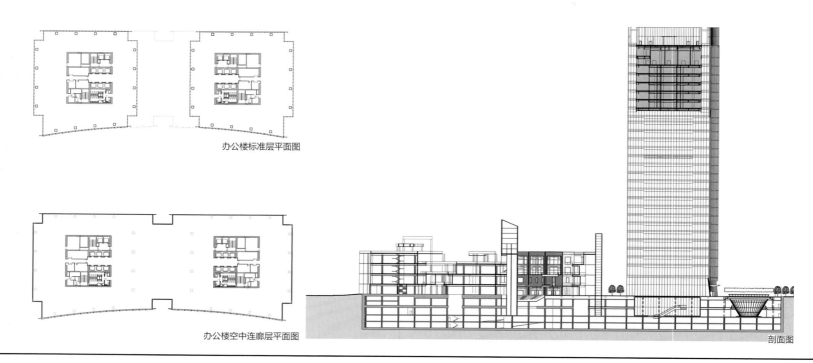

办公楼标准层平面图

办公楼空中连廊层平面图

剖面图

设计理念

优雅的 30 层的办公楼将是虹桥扩展商务区的标志性建筑。两座独立的 22 层塔楼在 23 层由一座 6 层高的空中天桥相连，创造了一座动感的通往商业人行大道的"大门"。从 27 层开始是供办公用户使用的会议中心。一个可容纳 200 人和数个可容纳 50~100 人的会议室以及前厅区的高度为两层。

项目中种类繁多的零售商业位于塔楼的地下一层和地下二层。从办公楼内的零售商业区，访客们漫步到一个由购物、餐饮和娱乐设施组成的都市村庄，各种设施环绕一个双核心筒而设，中心是一个半圆形剧场。这个可容纳 200 人的半圆形剧场设在地下一层的中轴线上，中轴线一端为办公楼，另一端是项目位于茅台路的入口。在该空间可举办特殊的活动和表演，而它阶梯式向上的开放空间，便于观众们在各层观看。

01 仰视办公楼拱门
02 办公楼夜景

01

02

05

06

03 办公楼日景
04 办公楼室内
05 办公楼立面
06 办公楼立面细节

DONGYANG CHINESE WOOD CARVING CULTURAL EXPO CITY PLANNING PHASE 2

东阳中国木雕文化博览城二期城市设计竞赛

项目地点：浙江东阳
项目进度：方案中标
建筑面积：876 000 平方米
建筑设计：Atkins

关键词
中轴
城市综合体

项目概况

　　项目总面积为 876 000 平方米，包括木雕博物馆、会展中心、交易中心、酒店办公、公寓住宅以及木雕主题公园等。

设计理念

　　方案以宽阔的中轴贯穿各主要公共活动空间。木雕博物馆和会展中心分置于中轴两侧，博物馆以凹刻法形成内虚外实的镂空体，方正的体量结合传统庭院空间序列；会展中心以叠加法形成以主轴串联的聚合体。木雕主体贯穿设计始终，既具儒雅含蓄的中国特色，又富有简洁明快的现代精神。

01

02

01 鸟瞰图
02 宽阔的中轴贯穿各主要公共活动空间

总平面图

03

04

SINO-OCEAN TAIKOO LI CHENGDU
成都远洋太古里

项目地点：四川成都
项目进度：2014 年底分阶段开业
建筑面积：389 000 平方米
主要材料：陶土板、陶土瓦、铝板幕墙、铝型材、花岗石、
玻璃
结构形式：钢结构
总体规划、建筑设计：欧华尔顾问有限公司（The Oval
partnership）
项目总监：郝琳
创意与设计总监：Chris Law、郝琳
建筑设计团队：Rique de Almeida、Ray Wong、李荣昊、
SW Kwok、Peaker Chu、Steven Ho、
Athena Lee、Simon Lee、Noel Chau、冯立、
栗志青、刘哲因、陈俊、Francis Wong、
Zachary Wong、Norman Li、Judy Lee、
Grand Tse、Kris Tam、何志、马骏、周升

关键词
都市更新
城市综合体
开放创意街区

项目概况

项目位于成都市锦江区商业零售核心地段，与春熙路购物商圈接壤，是一个楼面面积逾10 万平方米的开放式、低密度的街区形态购物中心。项目还包括博舍酒店、服务式公寓、国际甲级办公楼睿东中心，整个商业综合体面积约 25 万平方米。项目毗邻大慈寺，是一个融合文化遗产、创意时尚都市生活和可持续发展的商业综合体，有着丰富的文化和历史内涵，其中包括的六座古建筑将得以妥善修复并重新使用。

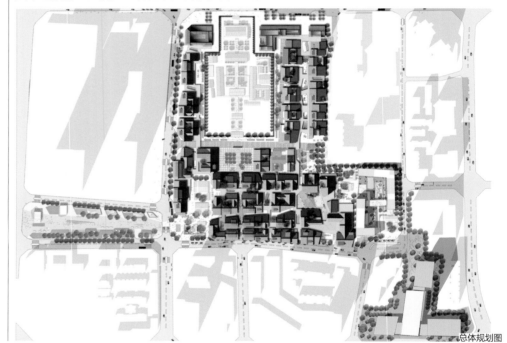

总体规划图

01

设计理念

　　成都大慈寺是具有一千三百多年历史的文明古刹。早在唐朝，来自日本、朝鲜和印度的佛教高僧就不远千里来到大慈寺修行、讲经、说法，其文化艺术也盛极一时，成为"一时绝艺"。同时，作为昔日三国时期蜀汉都城的成都，今日已经成为了中国的休闲之都。充满如此的文化和历史内涵，成都太古里的开发将为成都都市更新提供最令人激动的可能性。

　　成都太古里的一个主要特色是高质量和精心策划的公共空间氛围。与自然结合的广场、街巷、庭院、店铺、茶馆等一系列多元化的空间网络建立了一个创意文化商业活动的基本条件。而大慈古刹恰恰为这一社区提供了独有的人文特质和历史内涵。成都太古里亦同时通过创意空间促进商业繁荣。人们将乐于至此，沟通与交流、品茗、体验国际美食、娱乐购物、欣赏表演或是园间漫步。我们相信，让不同界别的人交流和合作，创意可在一个自然环境中发生。成都太古里计划亦为新世代的创意公司提供了具有文化品位的时尚工作形态空间。这些办公坊与林荫道、咖啡馆、餐厅和店铺紧密结合，摩登的咖啡馆和餐厅是白领们办公空间的延展。法国著名的人类学家利瓦伊史陀引导我们去理解，在任何的文化中，神圣与世俗是统一体的不同方面。大慈古刹中传统的宗教活动、心灵的沉思静修、品茗闲聊和街头巷尾中的喧嚣，组成了成都文化中不可分割的日常生活仪式。成都太古里计划阐释了新世代都市综合体的规划与建筑理念。设计之道在于把大众生活、人文雅致、历史资产和自然哲学升华为街巷的氛围，并转化为营商机遇，对可持续发展的城镇化具有启示意义。

02

03

01 水彩效果图
02-03 模型
04 水彩效果图

04

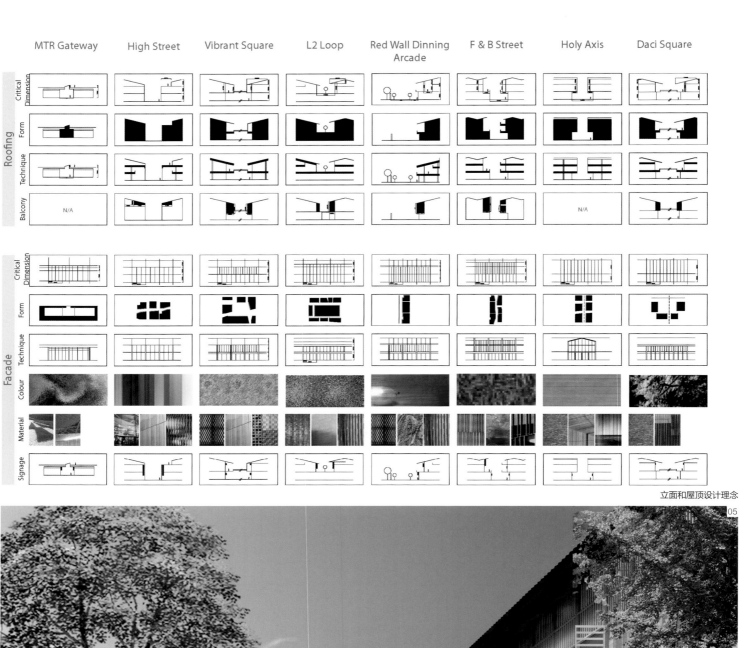

立面和屋顶设计理念
05

06

07

WEST ZHENGDA TOWN
证大西镇改造

项目地点：上海青浦区
项目进度：2013 年建成
建筑面积：130 000 平方米
设计单位：DC 国际建筑设计事务所
主设计师：董屹

关键词
亦店亦宅的建筑布局
文化商业体验

项目概况

　　项目总用地面积约 12 万平方米，地上建筑面积 8 万平方米。项目由 E1、E2、F 地块组成，E1 为大型影院、文化中心、餐饮、民俗手工艺和零售商业；E2 为会议餐饮演艺中心、大隐酒店、公寓式酒店；F 地块为酒店。是悦榕集团在上海地区首个项目。原有多家方案比选过后，业主希望在原有项目基础上，能够将各项功能整合，使空间更加灵活，塑造更具江南意境的文化商业体验场所。

01 滨河界面
01

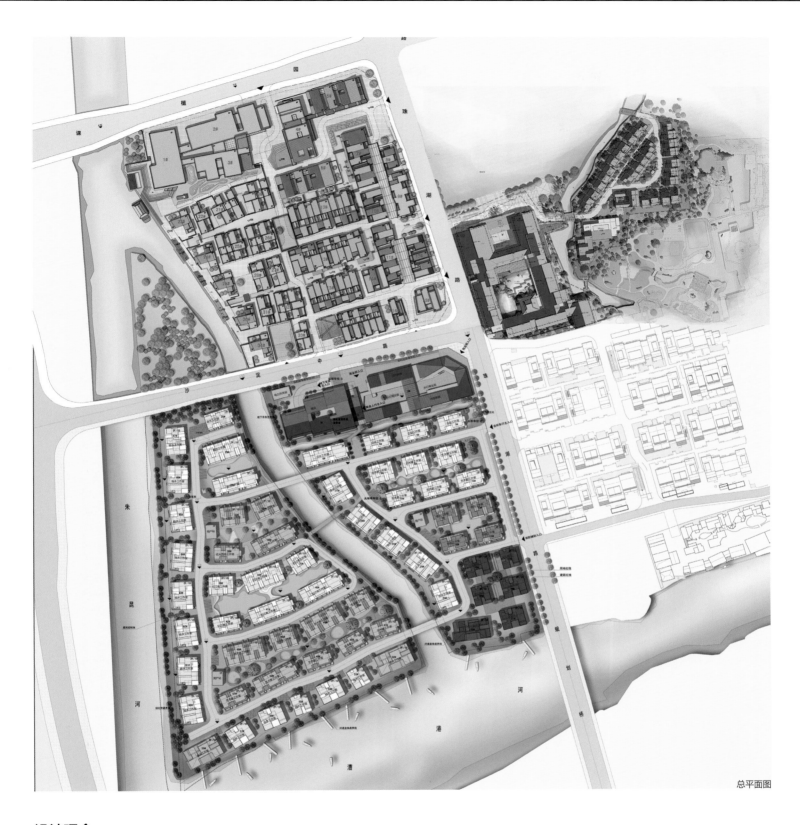

总平面图

设计理念

基地本身最有特色的是亦店亦宅的建筑布局形式。古镇临街、临河而建的二层建筑，底层面街多为整间的门板店，随时可以打开，便于经商、运货。这是适应当地地理、气候、文化、经济各方面因素而形成的建筑布局形式。商业经营空间的丰富性强化了感受型的消费模式。

依托厚重完好的古镇街区，挖掘商业建筑主题的文化价值，设计提供的是对民俗文化生活方式的体验，对民族文化的欣赏，唤起人们

对江南文化的热爱，以创造全新的商业建筑发展模式。强调地域性与独特性，强化人的体验与记忆，是项目创造文化展示空间背景的最终诉求。对江南氛围的重塑不仅仅是塑造一个文化符号，更是对中国人内心的精神追求的解读。设计希望建筑根植于当地的人们生活中，利于人们交往互通。体现文化江南韵味的同时，富有文化韵味的商业形态和空间与古镇原有脉络相适应，更能适应现代消费者对历史文化消费体验的需求。

02 西市瓦园
03-05 水街

03

04

05

06

07

08 09

10

11

12

11-14 艺术广场
15 东市商业街

13 14

15

16 17

18

16 商业街
17-20 东市

XIANGFEI ANCIENT STREET
香霏古街

项目地点：重庆大足
项目进度：2013 年建成
用地面积：30 000 平方米
建筑面积：19 000 平方米
建筑设计单位：DC 国际建筑设计事务所

关键词
院落空间
滨水平台

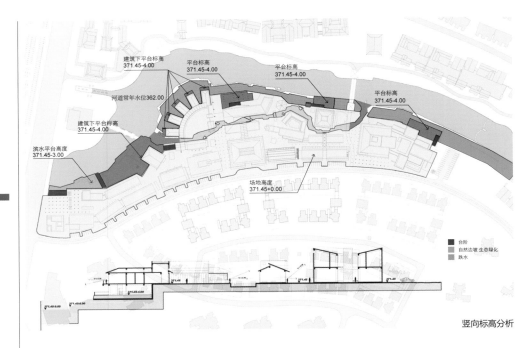

竖向标高分析

项目概况

　　重庆大足县位于四川盆地东南部，重庆市西北部，距离重庆市 80 公里。大足素有"海棠香国"之称，是世界文化遗产——大足石刻坐落之处，并被国家文化部命名为"中国民间文化艺术之乡"。香霏街位于大足县政府东侧（距县中心约 1 公里）。

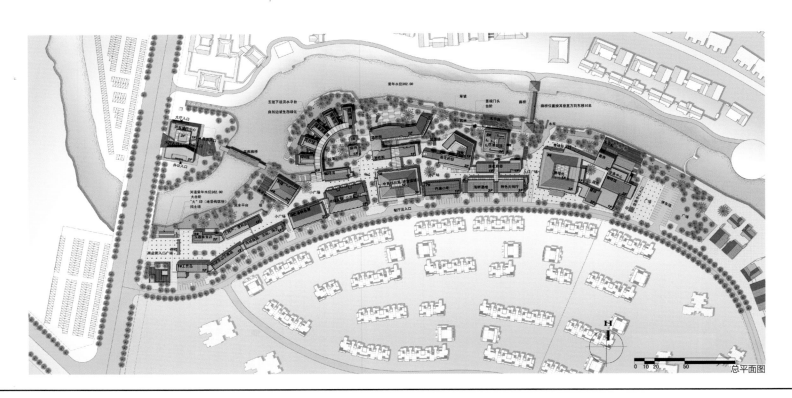

总平面图

01 玉器珠宝店街景

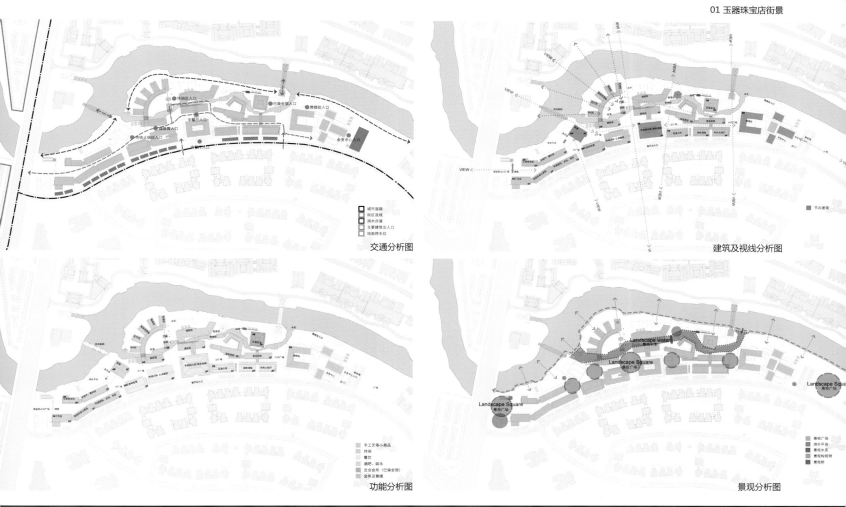

交通分析图

建筑及视线分析图

功能分析图

景观分析图

02 巴渝特色菜馆街景
03 休闲五馆街景
04 休闲庭院

设计理念

项目以"海棠文化"为依托，不仅仅在设计中运用"海棠"的形态，还融入"海棠"的文化理念，以真正达到"天下海棠本无香，昌州海棠却有香"的境界。设计创造一种传统中国文化与现代时尚元素的邂逅，以内敛沉稳的传统文化为出发点，融入现代设计语言，为现代空间注入凝练唯美的中国古典情韵。设计使用传统的造园手法，运用中国传统韵味的色彩、中国传统的图案符号、植物空间的营造等来打造具有中国韵味的现代景观空间。

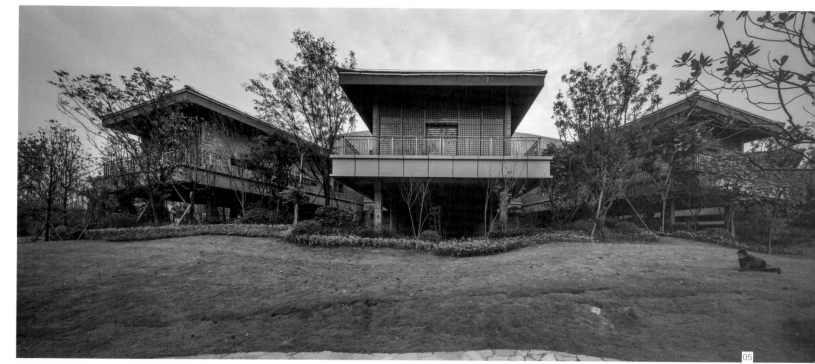

设计特色

建筑单体设计

基地分为四大区域,分别为手工艺品销售、餐饮、休闲、娱乐、会务,为游客提供购物、休闲、娱乐、商务的至高服务。

会务中心和售楼处设计:会务中心总建筑面积约 3 000 平方米,售楼处建筑面积约 2 000 平方米,设计成围合院落式建筑格局。建筑设计遵循了以下原则:一是配合总体设计,关注内省的内向空间;二是考虑外立面的完整和统一;三是关注特色空间的创造,追求空间的层次深度,例如在空间上穿插对望的屋顶,一层和庭院之间的自然衔接,以及由于一、二层平面扭转而创造的灰空间和露台等。

中餐厅和酒吧街设计:中餐厅设计为整个香霏街的中心节点建筑,应起到标志性的作用,其一层功能为大宴会厅,二层为包厢,三层为足疗等休闲功能。设计理念是在内向空间上的升级,以"套院"为主题,建筑设计成双层表皮,建筑的表皮中间有植物的参与和各种私密空间的相互套叠,以单纯材料之间的极端对比来创造有张力的精神空间。建筑在二层有大尺度的玻璃雨棚和酒吧街相连,整体成为商业街的节点空间。

空间设计

节点（广场）：内部广场具有向心性和集聚性，其空间尺度和比例较大，和内部街道相结合，以形成有收有放的空间序列。广场与街道的交替出现形成了空间收放的节奏变化，从而使人们的心理、生理得到不断的调节，减少了疲劳感，始终能保持较浓厚的购物逛街兴趣，更乐于在商业空间里逗留和活动。

院落：承袭中式的院落空间感，单体建筑多采用院落式的设计，如果建筑外面是一个世界，那么其中的院落就是世界中的另一个小世界。它不仅满足了建筑的采光通风要求，更给使用者提供一种空间转移，提供视觉休憩的精神享受。

滨水平台：整个设计的另一大特色就是由众多平台穿起的滨水观景区域，在平台上游客可以感受到水的气息，同时可以观赏到对岸的海棠国家公园。在入口处利用整块地的原有高差，游客可以沿着大台阶顺势下至滨水平台，来到茶馆区域，在平台上可以品茶闻水，谈笑风生。再转至五馆区域，相对于较私密的内院就是每个平台下方拥有自己独立的滨水平台，顾客可以享受服务以后下至平台上，依栏凭眺，

呼吸新鲜空气，触摸青翠的草坡。顺势来至酒吧区，这里的清水平台是年轻人聚会的好去处，从室内延至室外，感受天地的宽广。不远就是私人会馆的滨水平台，会馆的客人可以在这里触摸自然。最后是会务中心的滨水平台，商务之余休闲的好去处。

廊：无论是造型上还是功能上都起到的很大作用。在设计中在所有商铺前面我们设置了沿廊以保证在下雨天游客也能在街道内顺利地购物观光，不受外部因素影响，同时在艳阳天也能起到遮阳作用。还有玻璃连廊让各个功能体块得到有机的连接，不仅保证了商业的连续性，同时也使建筑之间关系更紧密。

立面设计

建筑造型根据总体布置、建筑规模、平面形式、使用功能，采用了现代中式的设计表现形式，以满足不同方向的视觉感均丰富、完整。立面采用镂空砖、木色格栅、花格门窗、印花玻璃等丰富的形式和材料，局部装饰点缀，局部"留白"处理，繁简有度，给人留下思考的空间，以达到个性鲜明的中式与现代风格完美结合的建筑形象。

07 游客中心
08 茶楼、巴渝特色菜馆街景
09 巴渝特色菜馆街景

10 海鲜酒楼、特色火锅店街景
11-12 会务中心庭院
13 巴渝会馆实景

12

13

SICHUAN CHINESE ART GALLERY
四川中国艺库

项目地点：四川成都
项目进度：2013 建成
用地面积：15 000 平方米
建筑面积：22 000 平方米
建筑设计：DC 国际建筑设计事务所

关键词
改造加建
古镇

项目概况

    项目位于成都龙泉驿区洛带古镇，北临洛带古街。项目为洛带粮仓旧址，身处川西客家文化的独特氛围中，周边均为古镇的老房子，项目在保留原有粮仓的基础上改造加建为以艺术为主题的综合商业街区，包括博物馆、商业、餐饮、旅馆、艺廊等多种业态。

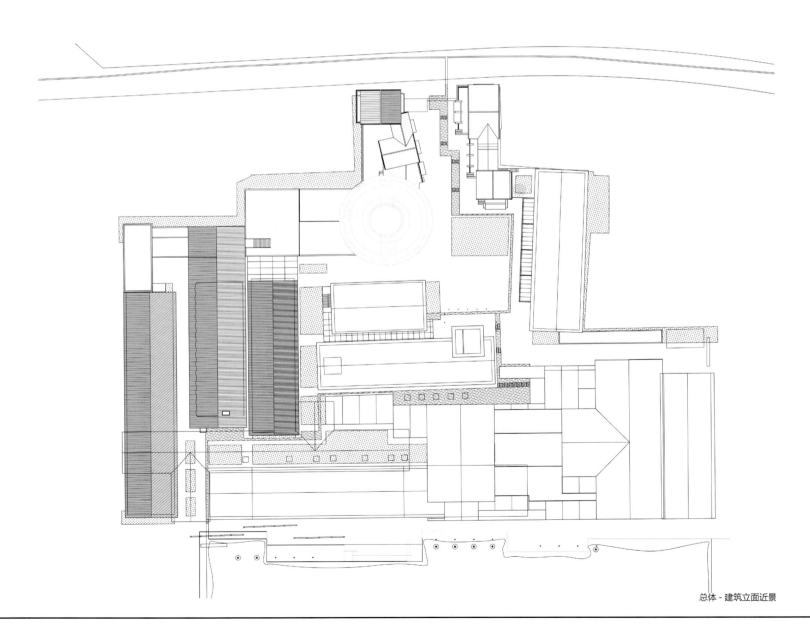

总体 - 建筑立面近景

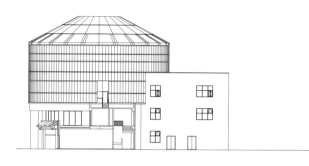

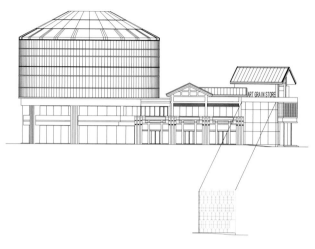

单体立面图

设计理念

　　设计以粮仓文化为主题，结合原有建筑衍生为独特的建筑形态，同时参考古镇的空间尺度，融合客家文化，塑造有特色的街区形象和文化传承的实体。

01 东面入口处

02

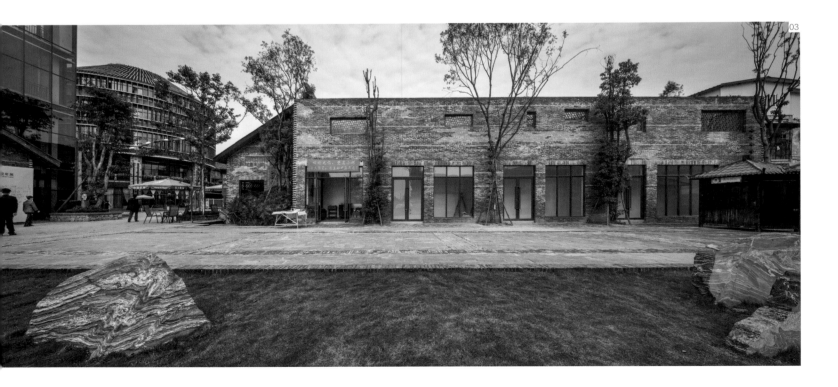

03

单体立面图

单体立面图

05

HARBIN NATIONAL TRADE BUILDING
哈尔滨国贸大厦

项目地点：黑龙江哈尔滨
项目进度：预计 2016 年建成
建筑面积：267 000 平方米
建筑设计：studio marco piva

关键词
交叉纹理的外立面
节能环保

项目概况

项目位于黑龙江省会哈尔滨，当地环境恶劣，冬天可冷到零下 40℃，夏天则最高 23℃。

设计理念

鉴于项目所处地的特殊环境，建筑设计不可避免地要应对复杂的环境条件，同时需要采取策略以减少能源消耗。建筑外立面的玻璃材料将融节能环保和高科技技术于一体。其交叉纹理的外立面通过透视感的 LED 灯光效果，色彩变化创造出基于周围环境的有规律变化，交叉纹理的白色和哈尔滨冬雪也有机融合，衬托出冬天的神韵。

项目由四座塔楼构成，一座酒店以及三个住宅楼。如果把该项目的底基看作一个元素，它与其他的四栋高层共形成五个元素，五个元素通过纹理很巧妙地连结到一起。底基是全部透明的，与地上的四栋高层形成一个互动的效果，让路上的行人可以看到里面。项目最终将成为哈尔滨的新名片。

草图

01 日景

02 夜景
03 日景
04 夜景

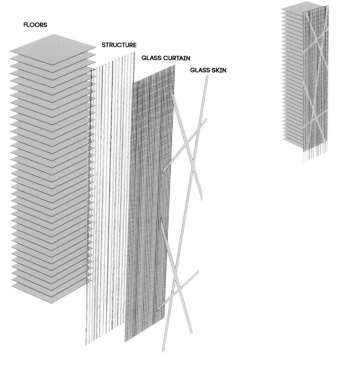

FLOORS
STRUCTURE
GLASS CURTAIN
GLASS SKIN

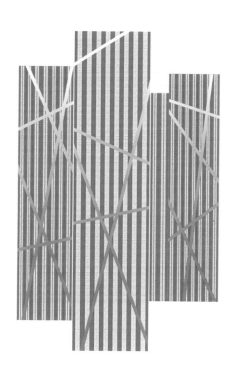

外立面图

外立面图

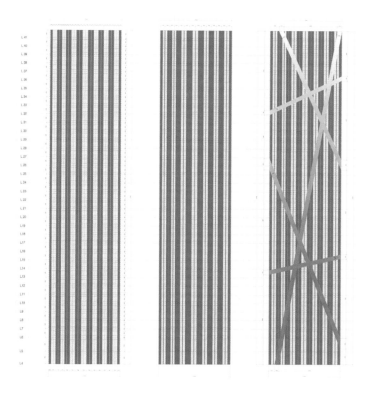

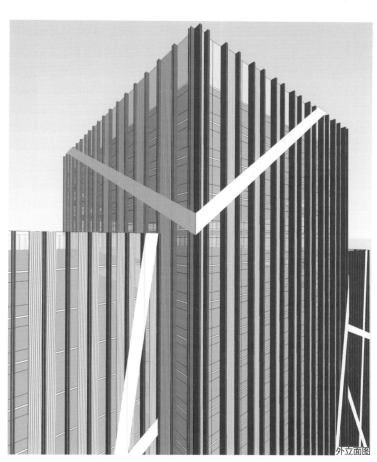

外立面图

外立面图

DANZISHI RETAIL AND ENTERTAINMENT DISTRICT
弹子石商业零售娱乐城

项目地点：重庆
占地面积：360 000 平方米
建筑面积：800 000 平方米
零售面积：150 000 平方米
项目进度：2013 年动工
总体规划、建筑设计、景观设计、可持续发展设计、CGI 电脑
成像：10 DESIGN（拾稼设计）
主设计师：Gordon Affleck
建筑设计：Gordon Affleck、Brian Fok、Jamie Webb、David
　　　　　Emmer、Jason Easter、Lukasz Wawrzenczyk、
　　　　　Rita Pang、Adrian Yau、Dan Narita、Francisco
　　　　　Fajardo、Frisly Colop Morales、Gwyneth Choi、
　　　　　Jane Yu、Nick Chan、Rachel Xia、Ryan Leong、
　　　　　Yao Ma、Yao Yap
景观设计：Ewa Koter
可持续发展：Sean Quinn
CGI 电脑成像：Jon Martin、Shane Dale、Yasser Salomon

关键词
顺势而造
多层次的零售业态

项目概况

　　项目总建筑面积为 80 万平方米，包括 15 万平方米的专属高端零售及娱乐区，配备有文化、体育、酒店及娱乐功能，这些功能分布占据了裙楼的主要空间，而其余区域则为商务办公空间、酒店及酒店式公寓等，这些功能全部容纳于高度为 100～250 米的系列塔楼中。

01

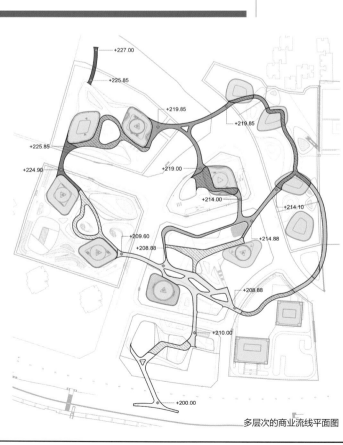

多层次的商业流线平面图

设计理念

按地方规划限制所设的参数，项目设计旨在为开发区提供既实用又具备建筑创新的整体解决方案。台阶造型的零售庭院围绕荫庇式花园广场而建，其间由高架行人道相互连接。各地块通过共同建筑特征建立起整体联系，同时，独特建筑语言的融入突出了单体建筑各自的身份个性。

设计特色

基地地势陡峭，呈向下延伸的坡道，直通长江江岸，这不仅体现出重庆典型的地形特征，也令人联想起传统的楼梯街和面朝长江的旧时建筑。70 米地势高差贯穿整个开发区，为打造多重零售层，由临街面激发活力的商业业态创造了得天独厚的机遇。每一零售层都可通过与上、下层面的互动而实现双赢。设计方案利用这种主要的地形特征，使具有多重标高的商业裙楼价值倍增。此外，在低处江边漫步的客流将进一步活化这种多层次的零售业态，而且，位于基地最高点的轻轨站也经由高架链桥将人流源源不断地引进项目开发区的核心地段。这些通路均延伸到阶梯造型的商业零售裙楼，它们形成的无缝商业动线，不仅使该区域生机勃勃，为购物者带来多维度体验，还营造出方便日常居住的高效商业环境。

正如周边山谷和穿流于其间的河流一样，项目的建筑本身也取自水与石头交互的形态。水路环流一直深入到台阶式零售景观和外墙精雕细琢的建筑群中，编织出贯穿基地的整体环流网。造型各异的塔楼成为置身于此公共商业景观内的特色节点，弹子石总部经济区也势必因该突出的设计，确立起其在地区内外的首要高端零售与商务地位。

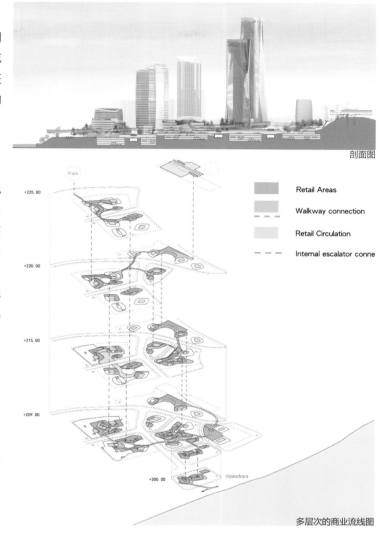

剖面图

Retail Areas

Walkway connection

Retail Circulation

Internal escalator conne

多层次的商业流线图

01 鸟瞰图
02 全景图

02

03 能投—号海滨广场及总部大楼
04 能投—号海滨广场及总部大楼 - 街景

草图

05 多层次零售业态（中讯广场）
06 商业裙楼（中讯广场）
07 多层次零售业态（重庆雷士大厦）
08 多层次零售业态（中钢大楼）

BCDC · CENTRAL COSMOPOLITAN
首开·中央都会

项目地点：江苏扬州
项目进度：2014 年建成
占地面积：45 400 平方米
建筑面积：30 500 平方米
规划设计、建筑设计、景观设计：博德西奥（BDCL）国际建筑设计有限公司

关键词
传统建筑
立面

项目概况

    该项目位于扬州市新城区蒋王核心区中轴线上。地理位置非常优越，周边是集办公、酒店、公寓、企业园区、住宅区于一体的大型综合社区。未来的人气之旺可想而知。

    扬州地处江淮平原东部，是中国古代南北水陆交通的枢纽和东西物流集散的繁华都市。运河文化可追溯至吴王筑邗沟以卫城。其城市的最新总体规划将在新城区的开发中融入运河历史，作为连接新城和历史的纽带。为此，我们的设计在体现时代感的同时力图通过独特的手法传承扬州浓厚的文化底蕴和悠久的运河文脉。

01

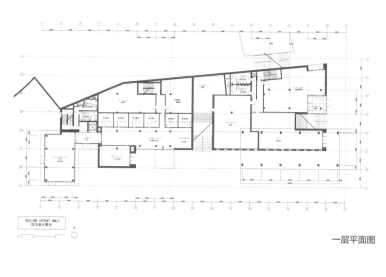

一层平面图

二层平面图

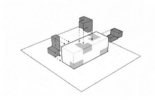
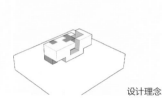

01 鸟瞰图
02 临水建筑整体风貌

设计理念

设计特色

规划设计

　　商业水街位于整个蒋王片区的中上部，被中轴水面贯穿而过。南侧为住宅区及中心酒店公寓区。北侧毗邻城市公园。在控规图纸上，水街被两条城市道路分成三部分。设计利用高差，营造内向商业水街。临水的一侧将低于城市道路一层的高度。对于公园、水街、城市规划道路三个界面的不同处理，也成为重要的环节。

建筑设计

　　水街的设计理念来源于中国传统建筑中的窗格。设计从中提取基本要素"L"形，研究各种组合形式，从三维角度，进行加法与减法，叠加与凹陷，用最简单的肌理营造最丰富的空间。整条水街建筑以 5 米 ×5 米的模块为基本单元，不断地重复，结合商业功能尺度要求，运用建筑处理手法，形成层次丰富多样的建筑空间。庭院、街巷、不同高度的露台穿插在房子里、房子之间，每栋建筑都不一样，都是独特的个体。在这些"盒子"之间，重要的节点之处，点缀着一些双坡屋顶的建筑。它们临水而建，一层架空，成为建筑与广场之间的灰空间，别有韵味。不同于其他建筑，它们拥有明亮的锈红色金属外壳，仿佛一首乐曲中一个个响亮的音符，提醒着行人，也许可以去喝杯咖啡，休息一下。

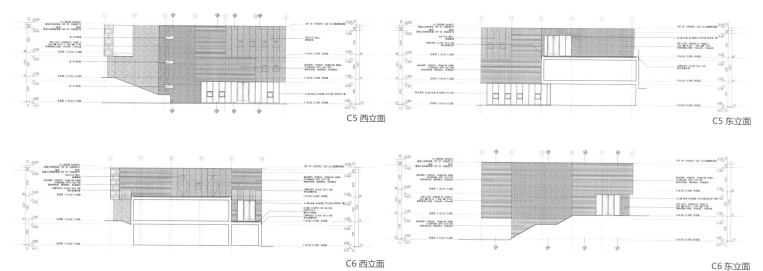

C5 西立面

C5 东立面

C6 西立面

C6 东立面

建筑符号同样被延伸到建筑的立面。白色的建筑表面有着漂亮的图案纹理，深灰色的砖墙响应扬州本地青砖黛瓦的小家碧玉韵味，透明的玻璃幕墙印着同样的图案纹理，与实体建筑体块形成虚与实的对比。体块明确、简单，却拥有足够的细节支撑。因此，立面呈现出的是整体协调的美感。

建筑与水的关系同样需要雕琢。有的建筑伸到水里，有的建筑隔着栈道临水，有的建筑后退不同尺度望水。这种处理旨在营造行人不同的体验观感。与水的互动，成为有意思的主题。

水街里的桥是两岸的主要交通节点。桥的样式同样延续建筑的处理手法，简单明了，结合细部，精致细腻。桥出现在必要的位置，是水岸的联系纽带，是引导行人的工具。

中区是两个形体较大的建筑，成为水街重要的节点。与两边较小尺度建筑不同，这两个建筑更加整齐大气。同样的立面元素，不一样的处理手法。白色盒子的外表面用带图案的玻璃幕墙罩起来，晚上灯光闪烁，仿佛漂在水面之上的灯笼，吸引人们前去欣赏游玩。

03 一层架空锈红色金属外壳双坡屋顶的建筑远景
04 "L"形玻璃幕墙及深灰色墙体的建筑与锈红色金属外壳双坡屋顶建筑的相互映衬
05 多种形态建筑外立面的相互映衬

05

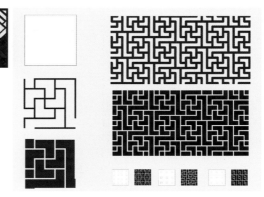

06 建筑"L"形白色墙体及深灰色墙体
07 立面设计理念
08-10 建筑白色外立面、玻璃幕墙上的"L"形图案及深灰色砖墙

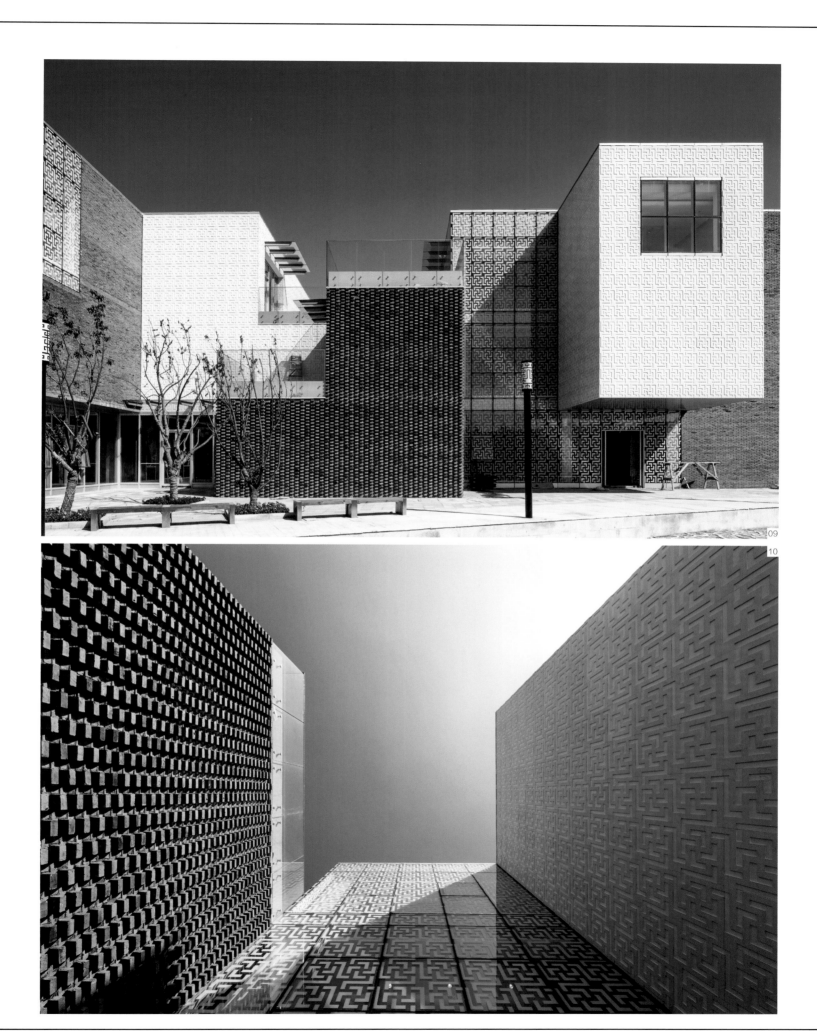

LINYI LU SHANG CENTER
临沂鲁商中心

项目地点：山东临沂
项目进度：在建
总地上建筑面积：458 300 平方米
容积率：2.69
绿化率：25%
建筑密度：35%
主要材料：石材、玻璃、灰色釉瓷砖
规划设计、建筑设计：博德西奥（BDCL）国际建筑设计有限公司
开发商：临沂鲁商地产有限公司

关键词
丰富的立面
统一的风格

项目概况

    项目位于崛起中的临沂北城中心区，毗邻新的城市政务和文化中心，距离区政府仅 1 公里，处于城市中央景观轴线上，是临沂市在建的最大的商业旗舰集群，力求缔造新的城市名片。整个项目由一个银座百货率领的商业组图、一个现代化办公组团、一个公寓组团及一个 5A 级超高层办公组团四大部分组成。

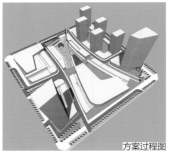
方案过程图

方案过程图

鸟瞰图

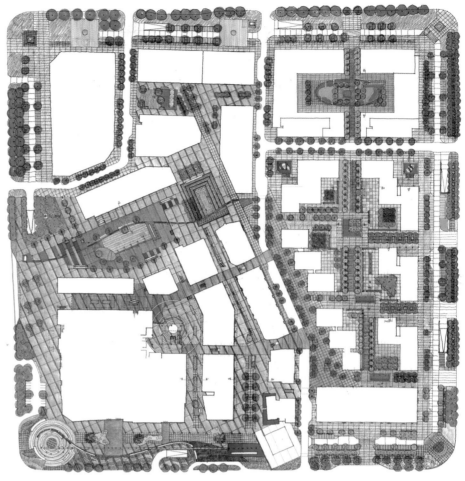

景观平面图

01 夜景
02- 03 商业街

设计理念

办公

办公组团位于用地东侧，由8栋独立办公楼和底商组成。办公楼由北向南分别为17层、15层、13层、11层，利用不同层高、不同体量、不同拼接方式的体量处理，打破了传统办公空间的严肃单调，营造出富于变化的空间感受。办公组团舍弃传统的大体量办公楼形式，采用小独栋式办公模式，更有利于中小企业的入驻，旨在打造全新的办公建筑规划模式。

办公楼立面风格简洁大方，现代感十足。主要办公区采用玻璃幕墙，交通核及底商部分以石材为主，使办公与底商在建筑肌理上有所呼应，通过虚实结合和线条的划分强调建筑的整体视觉效果。

银座百货

银座百货位于项目的西南角，毗邻南侧、西侧的城市主干道。地下二层为地下车库，地下一层为超市，一至四层为精品百货，五层为餐饮空间，六层增设电影院，将成为区域内的商业游玩新地标。

百货的建筑立面通过竖条石材与玻璃幕墙的配合穿插，虚实结合，游动转折，形成现代感十足的立面效果，整个建筑犹如一条活跃的龙鱼，在每个角度都给观者以丰富的视觉感受。西南转角处的巨型LED电子屏幕及镶嵌于建筑体中的广告灯箱为整个建筑增添亮点，营造丰富浓郁且印象强烈的商业氛围。

商业街

商业街位于整体规划用地中段，贯穿南北，将人流顺畅地从南侧城市主干道引导至项目的核心下沉广场，并且将整个商业街区域有效地联系起来，以中心广场为节点，将两侧商业街汇聚，引导游人的购物路线和视觉焦点。考虑到行人的感受及街景，设计在商业街的两端处进行重点处理，强调商业街的标识性。商业街局部空间敞开，并合理配置景观及标识，打造活跃的商业氛围，形成趣味商业街区，提升商铺价值。

商业街建筑以两层为主，局部三层，通过层层迭退的连廊将各组建筑串联在一起。建筑立面以带有强烈现代感的灰色釉瓷砖和玻璃幕墙为主，端头重要节点使用与银座百货一致的竖条石材，保持项目整体印象和建筑手法的连贯性。在其他局部点缀彩釉玻璃、白色磨砂玻璃和灰色金属材质，丰富建筑立面。总体设计风格大气、手法连贯，统一中求变化，细致经典，富有强烈的时代气息。

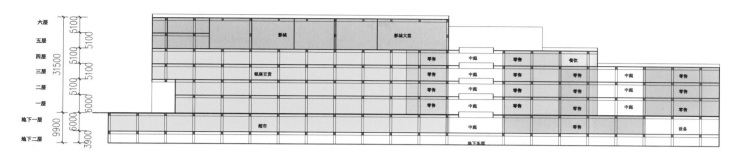

XISHUIDONG INDUSTRIAL HERITAGE RETAIL DISTRICT

西水东工业遗产改造广场

项目地点：江苏无锡
项目进度：2014 年建成
建筑面积：15 000 平方米
主要材料：陶土幕墙系统、玻璃幕墙系统、瓷砖、玻璃砖、钢板、
铝合金门窗系统
结构形式：钢结构
建筑设计：偏建筑设计事务所
主设计师：黄向军、成美芬、周迅
设计团队：周易昕、Sybren Boomsma、刘立早
当地设计院：上海中房建筑设计有限公司
摄影：Alvaro Quintanilla、Iuliana Chiras

关键词

立面

项目概况

　　项目位于两条历史悠久的江南运河交汇处的一个低洼地段（原址为棉花工厂），此运河两边的建筑都别具一格。本项目由五栋新建筑构成。两层高、密度低的新商铺建筑群与原有工业建筑群在空间布局上组成了一条十字形的商铺街。该商铺街将四个公共广场与一个桥梁连接起来。

设计特色

建筑形态

　　沿街商铺的设计是我们对现有工业建筑的立面及材质作出的新的解读。根据原有工业建筑群北向采光的屋顶形态设计，确保了新空间有足够的自然采光。因无成本限制和单调复制需要，屋顶的形态变化多端。原有工业厂房的形态及材质都沿用于新的设计中，成为许多片具备功能性的"墙体"。陶板幕墙、瓷砖、合金片及玻璃砖让传统工业物料产生新的用途，如应用于遮阳百叶、挡板、楼梯、亭台、灯光墙、广告灯箱以及城市公共设施中等。

01

建筑创新

    相互连接的沿街商铺和历史建筑错落布置，从而使街道各处都有丰富细致的街景。突破典型历史性建筑的保护设计，此项目不仅重新建构原有城市景观和原有城市韵律感，并通过一套新的建筑尺度及齿状沿街形态，对后工业时代的大环境提出时间及文化的新理念。

城市策略与设计手法

    相比于典型裙房和高楼中将商业空间限制在密闭的购物商场里，新建的沿街商铺则避免了这种情况。街道景观的重建不仅仅减少了对空调以及其他非生态建筑系统的依赖，也让建筑用多种不同的方式（例如将商业与居住空间相结合）与封闭式的居住区产生联系。新的建筑群连接了一系列的广场、桥和居住区花园。

01 沿河新旧建筑
02 鸟瞰图

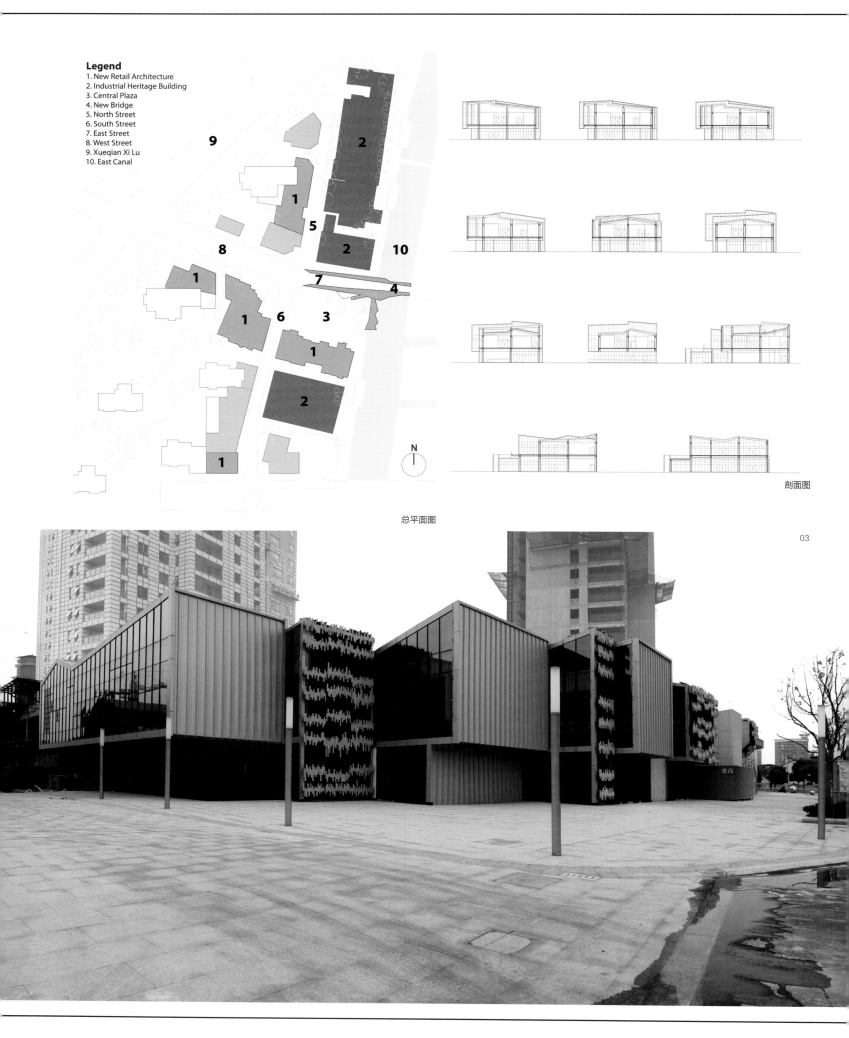

Legend
1. New Retail Architecture
2. Industrial Heritage Building
3. Central Plaza
4. New Bridge
5. North Street
6. South Street
7. East Street
8. West Street
9. Xueqian Xi Lu
10. East Canal

总平面图

剖面图

03

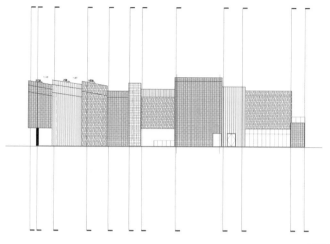

南立面图

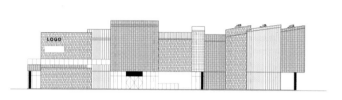

北立面图

东立面图

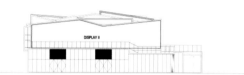

西立面图

03 新建筑北立面
04 北街道及新建筑东立面

04

KUNMING WANKE CHARMING CITY SALES OFFICE

昆明万科魅力之城售楼处

项目地点：云南昆明
项目进度：2013 年建成
项目面积：5 025.67 平方米(建筑)、30 000 平方米(景观)、
　　　　　2 257 平方米（室内）
主要材料：玻璃幕墙、铝板、木材、涂料、膜结构
建筑设计、景观设计、室内设计：水石国际

关键词
飘浮的玻璃盒子

项目概况

　　项目位于万科昆明广卫项目一期开发的"南大门"处，北临规划中的城市景观轴，地理位置优越。项目的建筑与景观环境、室内空间相互渗透交融，流线变化丰富有序。

设计理念

建筑

　　飘浮在草坡上的的玻璃盒子，这是人们对昆明万科广卫售楼处的第一印象。

　　由于项目钢结构二层高于一层，因此把二层作为主要的售楼处功能区，一层作为半室外公共活动及辅助功能区。顺应着城市景观轴，沿城市道路堆起的自然草坡遮挡住一层活动区，

01

位于二层的售楼处则成为草坡上的玻璃盒子。整体规划动线从南侧街角开始向北引导，沿大草坡步行向上进入二层的售楼处，参观完毕下到底层半室外公共区和样板房区，之后来到室外景观区体验社区生活，最后向上返回二层售楼处进行洽谈签约等活动。流线自然顺畅，移步换景。

建筑材料以玻璃幕墙为主要材料，形成精致典雅的透明外观。再通过铝板、木材、涂料、膜结构等材料的点缀，形成丰富的视觉效果。夜景灯光的设计突出外立面铝板的水平线条，并给予底层空间适度的照明，配合景观照明形成飘浮的玻璃盒子的形象。

景观

景观设计从使用对象的活动行为入手，将使用人群分为两类：顾客群体、社区群体。对于顾客群体，设计为他们展示的是万科居住艺术体验之路；对于社区群体，设计为他们营造的是未来社区生活的展示舞台。基于此，设计师将重点放在塑造营销动线上的景观触点，力求打造出丰富的情景化体验空间。落实到图纸上，可分为入口广场区域、顾客入口区域、售楼处文化展示空间、样板庭院空间四大部分。入口广场结合大型标志性雕塑和草坡打造引导性入口，并结合营销活动、展示等功能设置综合活动场地；售楼处底层通过水面、绿化划分限定人流线，并通过红色雕塑感楼梯、台阶式座椅、白色卵石结合红色叶子雕塑，形成不同意境空间围界，下沉式水中步道连接售楼处及样板房庭院，结合草坪空间设置功能类型丰富的小型活动空间。

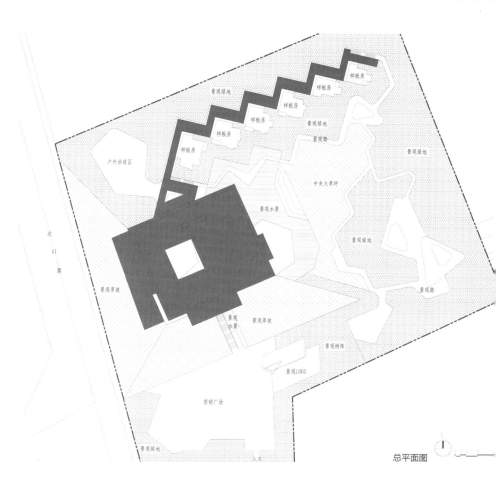

总平面图

01 夜景
02 入口广场景观

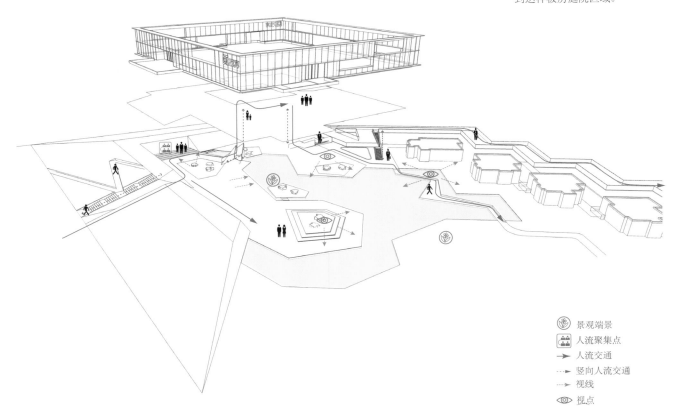

水景有效划分空间，保证视线通透同时，限制人流。红色雕塑感楼梯将人流引向二楼售楼处，并到达样板房庭院区域。

景观端景
人流聚集点
人流交通
竖向人流交通
视线
视点

分析图人流
03

03 夜景
04 入口广场景观夜景
05 建筑近景夜景
06 建筑局部

室内

　　如果说几何切分的草坡和简洁的方盒子都在传递着"极简"和"理性"的讯号，室内装饰元素的汇集和交错却在表达着"丰富"和"感性"的情感，室内功能空间的设计延续了建筑的设计概念——飘浮、发光的盒子。整个室内设计选用了浅色调的天然材料，一方面，浅色调有助于引入户外阳光，使空间看上去更明亮通透；另一方面，天然的材料则将大自然的气息带进了室内空间，同时利用大理石加以点缀，增加室内效果的精致与奢华感。

07-08 浅色调的材料在室内的应用
09-11 室内外的有机互动

09　10

11

VANKE NEW CITY CENTER SALES GALLERY

万科南京九都荟售楼处

项目地点：江苏南京
项目进度：2013 年建成
总建筑面积：800 平方米
主要材料：双层铝制穿孔板
规划设计、建筑设计：SPARK
项目总监：Stephen Pimbley、Lim Wenhui
设计团队：Jay Panelo、Ethan Hwang、Mark Mancenido
摄影：ShuHe

关键词

折面组合的外幕墙
双层铝制穿孔板
条线灯带

项目概况

　　该售楼处毗邻南京铁路南站，是一幢两层结构的开放展示空间。空间内所展示的是万科九都荟住宅区和由 SPARK 主持设计的综合商业区中可租售的全景全貌。

设计理念

　　设计取意于铁路蜿蜒曲折的几何结构的抽象概念，充分考量了项目在功能性与概念性上的特征要求，并重点发掘了项目位于繁忙铁路枢纽中心的区域优势特点。

01

设计特色

　　折面组合的外幕墙与条线灯带的形态设计构成了一个丰富多彩的动感空间，映射着项目周围纵横交错的铁轨之上每日繁忙的万象。一幅大型 LED 显示屏幕被巧妙地安放在了面向核心区域的显著位置上，必将引来过往车辆及乘坐铁路交通途经或抵达南京的人群的万千瞩目。

　　外立面幕墙由双层铝制穿孔板构建而成，预加工印制的双层穿孔板所形成的三维摩尔曲面效果与室内自然效果的立面风格形成了鲜明的对比，同时在视觉上这些折面、穿孔曲面以及有机自然风格又形成了完美的融合。

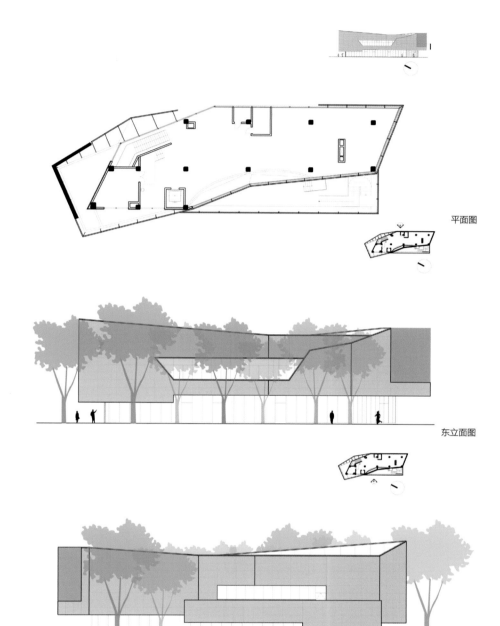

平面图

东立面图

西立面图

01-03 日景图

| 02 | 03 |

04

04 日景图
05 黄昏十分全景图
06 预加工印制的双层铝制穿孔板
07-08 折面组合的外幕墙与条线灯带的形态设计构成的动感空间

05

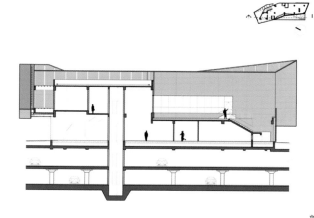

剖面图

06 07

08

NANCHANG GREENLAND THE BUND MANSION EXHIBITION CENTER

南昌绿地外滩公馆展示中心

项目地点：江西南昌
项目进度：2013 年建成
建筑面积：2 178 平方米
建筑设计：UA 国际
施工图设计：上海正轶建筑设计有限公司
幕墙设计：U+K
景观设计：泛亚景观设计（上海）有限公司
室内设计：穆哈地设计咨询（上海）有限公司

关键词

幻彩穿孔铝板

项目概况

外滩公馆展示中心位于南昌市红谷滩新区北部，东靠城市主干道红谷北大道，北临长江路，毗邻江西师范大学附中，地铁直达，坐拥赣江江景，地理位置优越，自然环境优美。充分满足形象展示的功能需求。

建筑分为两层：一层主要为外向型空间，布置沙盘展示区、多媒体室、公共洽谈区、VIP 洽谈室等。二层主要为内向型空间，部分空间布置办公、会议、财务等空间，开放空间则布置贵宾休息区、咖啡吧等休闲空间。交通流线组织清晰有序，参观者由水面上入口广场的主入口进入建筑，参观、洽谈后可由后面的出口到达样板区，或到二楼的休闲空间休息。

设计理念

外滩公馆展示中心设计之初，旨在积极寻找一种设计模式，使其既能承载现有地块的展示地标作用，又不会和外滩公馆项目本身强烈地喧宾夺主，既可被公众识别，同时又和周围的建筑和谐共处。力求在设计上可以表达建筑在美学空间方面的良好品位，同时在商业上可以制造空间话题达到吸引人眼球的效果。

设计特色

建筑采用简洁利落的直线条勾勒出"L"形轮廓,并注入了水的元素,将水、光影与建筑融成一体,形成"房子水中漂"的建筑形象,与南昌市多江多水、灵气秀美的城市特点相协调。

设计在寻找建筑与周边环境协调的同时,也在寻找着"对立"。"纯净"与"复杂"的二元对立充斥着该建筑的每个环节,纯净轻盈的水面与复杂厚重的几何体之间的对立,通透纯粹的玻璃与多样烦琐的穿孔表皮之间的对立,这些"对立"赋予整个建筑生命力。

展示中心拥有独一无二的外立面,一层采用超白玻璃幕墙,如同水晶般的玻璃体,在建筑主体之外,还另外覆盖了一层印有大小不一的"凤凰羽毛"图案的幻彩穿孔铝板,别致的穿孔铝板与水面相呼应而产生出的韵律感,让建筑仿佛自水中沐浴而出。此外,幻彩铝板白天在日光下产生丰富多变的光影效果,夜间室内的光线透过铝板的空洞投射在水面上,光影斑驳,绚烂多姿,让人恍如置身梦境。

01 夜景
02 "凤凰羽毛"图案的幻彩穿孔铝板展示厅外立面夜景
03 "凤凰羽毛"图案的幻彩穿孔铝板展示厅外立面日景
04 日景

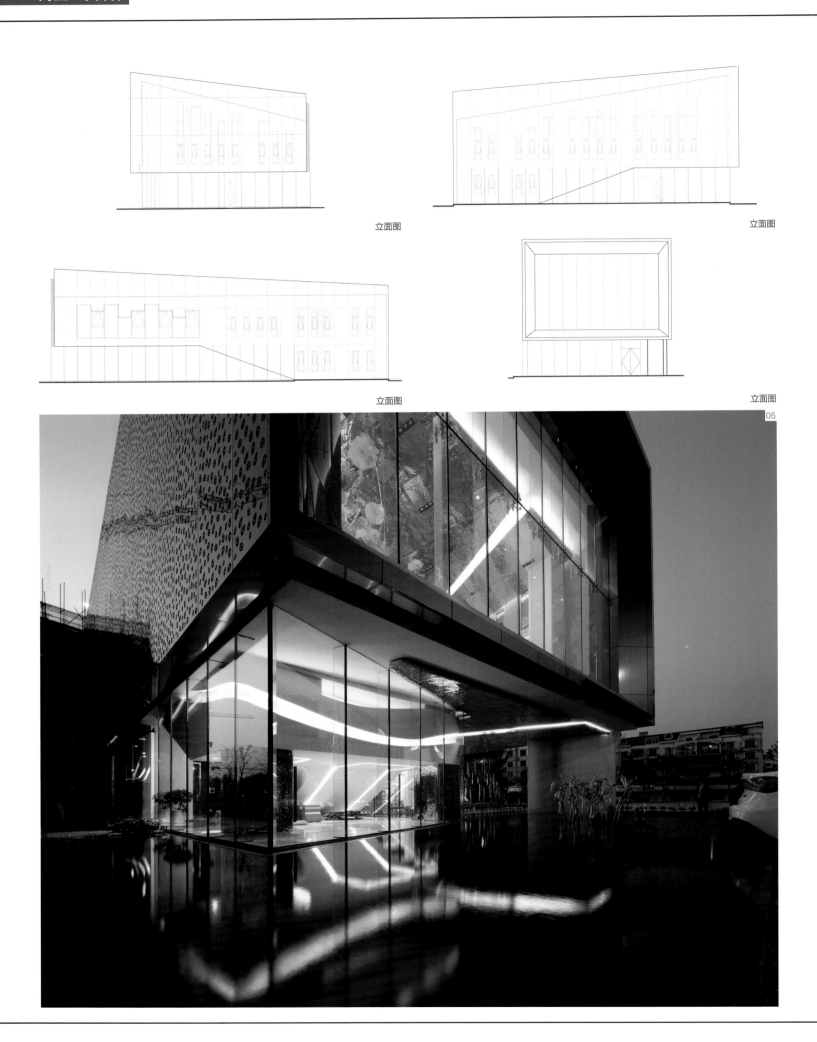

立面图

立面图

立面图

立面图

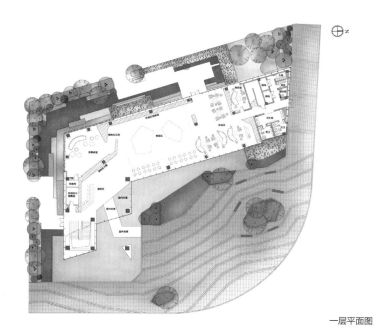

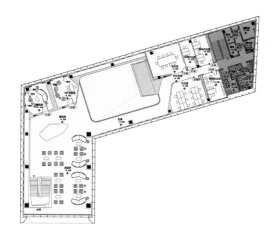

二层平面图

主入口室外水面延伸至室内，室内外水面做平，使得室内外环境融为一体，给室内环境平添几分灵动的气质。

一层平面图

1.室内水面
2.室外水面
3.金属蓄水槽
4.超白玻璃肋
5.室内完成面

05-06 水、光影与建筑融成一体

设计理念

06

NANCHANG ROSE EXHIBITION CENTER

南昌玫瑰城展示中心

项目地点：江苏南昌
项目进度：2013 年建成
用地面积：7 024 平方米
主要材料：钛锌板、高透玻璃
结构形式：混凝土框架结构
建筑面积：2013.23 平方米
建筑设计：UA 国际

关键词
钛锌板幕墙
五个体量

项目概况

　　玫瑰城展示中心位于南昌市东面，地块东面临风景秀丽的艾溪湖景区。建筑分为两层，总建筑面积 2 013.23 平方米。建筑的一层主要为外向型空间，布置沙盘展示区、多媒体室、公共洽谈区、VIP 洽谈室；二层主要为内向型空间，布置办公、会议、财务等房间。建筑背面设计了玻璃旋转楼梯，参观者走完整栋建筑，顺着旋转楼梯，缓缓走下楼，走进城市公园，也是一种独特的体验。

设计特色

　　外观上，展示中心的功能空间分散在五个向外突出的体量中，这五个体量在 180° 内散开，每个体量正面为大片落地玻璃，再辅以从欧式古典建筑简化而来的尖顶，将整个建筑面向城市的每个角度都完美地呈现，周边以婚庆为主题的城市公园也顺着这大片的建筑展开面，从各个角度映入整个建筑内部活动中。

01

总平面

01 鸟瞰图
02 立面图
02

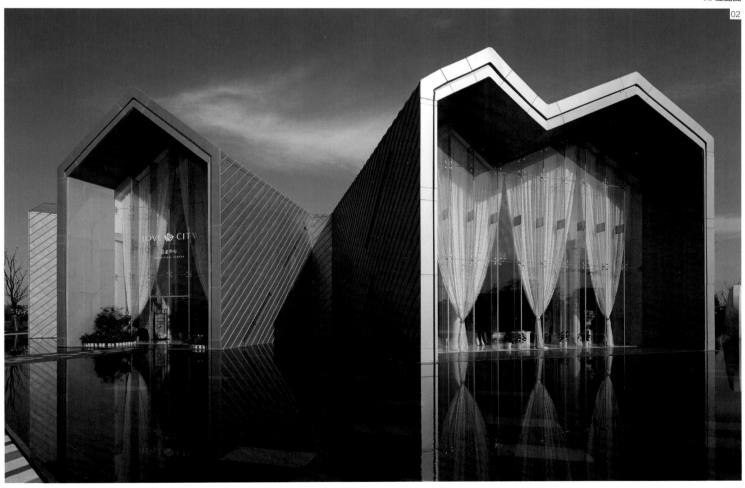

03

04

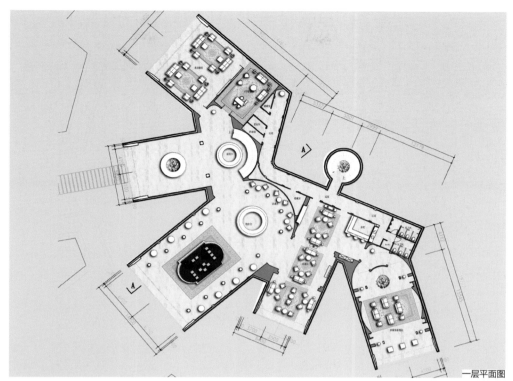

一层平面图

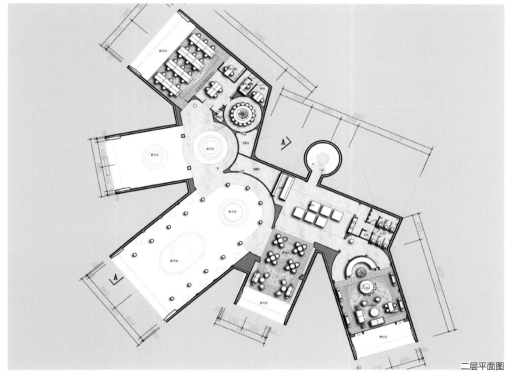

二层平面图

03-04 立面夜景

钛锌板幕墙

GREENLAND CHOGNQING BUND·SQUARE EXPERIENCE CENTER

绿地重庆海外滩项目体验中心

项目地点：重庆
项目进度：2012 年建成
建筑面积：1 100 平方米
建筑设计：PURE 建筑师事务所
主设计师：施国平、黄晓江

关键词
成起伏动感的轮廓
外立面

项目概况

项目基地位于重庆鸿恩寺森林公园南侧半山腰，面朝嘉陵江，是 23 栋独立商业建筑中的一栋，同时初期又作为绿地海外滩项目的售楼处使用。

设计理念

基地临山入口与面江平台有一层高差，因此设计将建筑分为两层。二层为临山主入口，主要是一个企业品牌体验空间，以多媒体展示与滨江景观体验为主；一层则为物业销售、模型展示与洽谈空间，与样板房相连。建筑形态上一层为一个玻璃盒子基座，纯净坚实。二层朝山的一面通过三角形母体的拉伸处理形成起伏动感的轮廓线，呼应山势的同时塑造标志性形体，再结合外墙锌板厚重的灰色调呼应城市风貌，朝江的一面呈安静轻盈的水晶盒状，最大限度较少对江景的破坏，同时也让室内有完整的观江视线。以此为基础，一条起伏变化的路径把参观者从二层入口处引导到一层的滨江平台，在此过程中营造出五种不同母题的场所体验，让他们参与其中并感受到场地山水相间的魅力。这其中包括镜面水、江、三角、院和水晶盒。

01

01 二层三角建筑造型

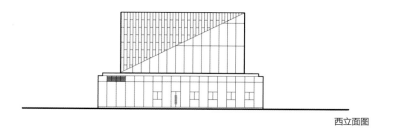

西立面图

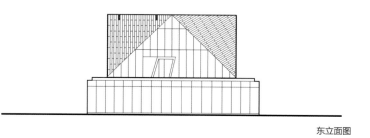

东立面图

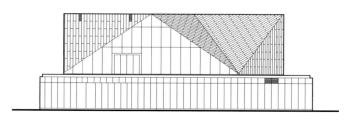

东北立面图

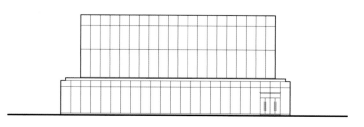

南立面图

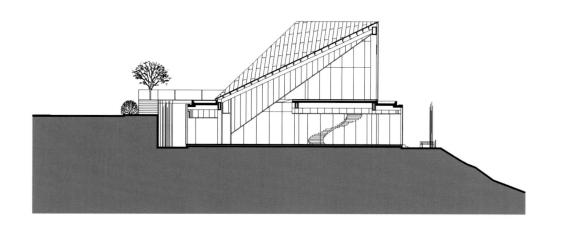

横截剖面图

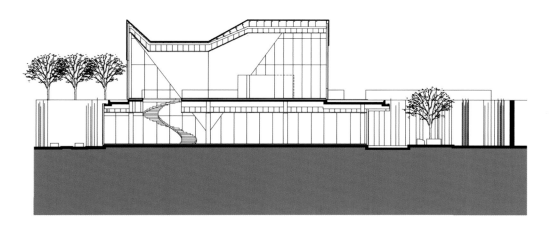

纵向剖面图

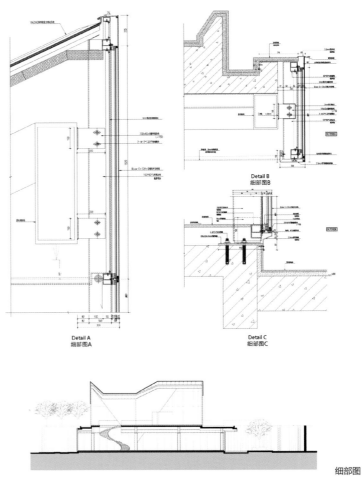

Detail A
细部图A

Detail B
细部图B

Detail C
细部图C

细部图

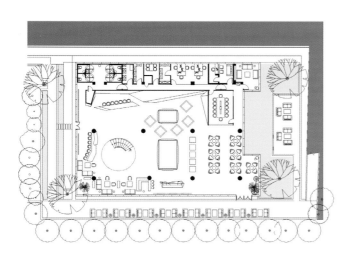

一层平面图

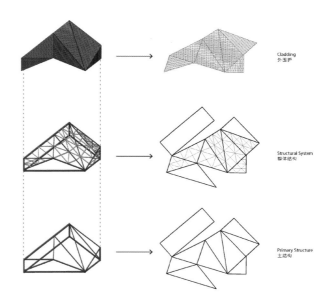

Cladding
外蒙护

Structural System
整体结构

Primary Structure
主结构

表皮系统

04

05

02 夜景
03 建筑动态的轮廓
04 室内
05 从西看景观平台

JINDI DREAM MOUNTAIN SALES BUILDING

金第梦想山售楼处

项目地点：北京怀柔区
项目进度：2013 年建成
建筑面积：2 100 平方米
建筑设计：北京三磊建筑设计有限公司

关键词
空间组合
玻璃立面

项目概况

　　金第梦想山售楼处位于北京怀柔区杨宋镇，毗邻怀柔中影基地。售楼处用地位于绿意浓郁的城市公园中，视野开阔，坐拥良好的自然景观，为客户创造了良好的体验场所。

设计理念

　　电影是此项目建筑设计的母题，电影艺术中的"蒙太奇"手法也被引入空间构成中。电影通过"蒙太奇"手法将不同场景与时间拼接、串联起来，讲述一个动人的故事，同样的手法运用到建筑中，设计将不同功能空间有机地组合为一体，时间也成为体验空间的重要构成因素，讲述空间的故事。接待区、主题书吧、模型区、影像厅、洽谈区、院落……一个个大小不一、错落有致的不同功能空间组合在一起，带给人丰富而又变幻多端的空间感受。

　　设计根据售楼处不同功能空间的自身特点，配置最适当的空间体量和材料质感，形成若干"梦想盒子"；并用透明的玻璃盒子将它们按流线串联，使得城市公园的绿色景观得以最大化地渗入建筑内部，使建筑融入自然。

01 效果图
02 入口

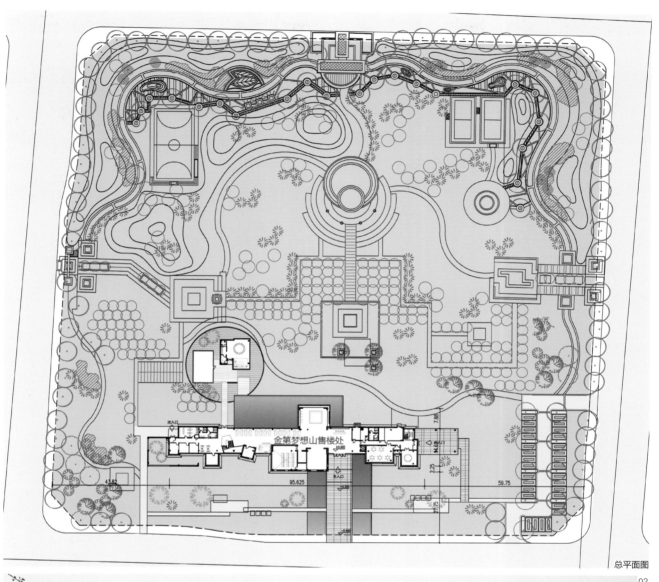

金第梦想山售楼处

总平面图

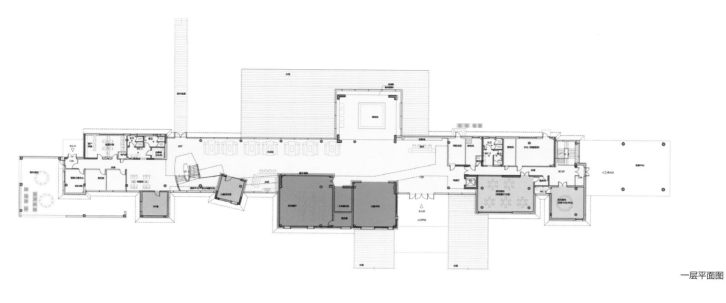

一层平面图

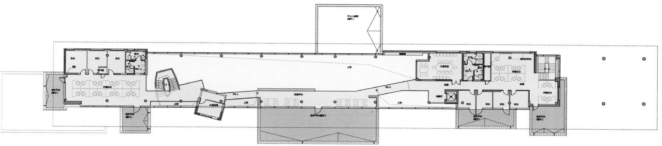

03 立面及景观
04 立面细节日景
05 架空的空间

二层平面图

05

QIANDU PAVILION
千渡馆

项目地点：山西太原
建筑面积：1 800 平方米
项目进度：2012 年 12 月建成
结构形式：混凝土、钢结构
建筑设计、室内设计、景观设计：众建筑
主设计师：何哲、James Shen（沈海恩）、臧峰
设计团队：张明慧、刘秀娟、Jennifer Tran（陈珍妮）
摄影：众建筑

关键词
高低体块
空间互动

项目概况

"千渡馆"是太原三千渡项目的产品展示中心，位于太原城市北部的汾河边。

太原作为山西省会，是中国二线城市迅猛发展的典型代表。然而城市的发展中心在南侧，项目所在的地段还是一片空白，尚待发展。面对这种具有中国郊区化特色的城市环境，设计希望"千渡馆"能具有更为都市化的空间环境：它是能建立起更高效率的空间，也是能够促进更多联系与可能性的空间。在这样的空间中，你站在门厅，能越过观看演出的人群，看见一对对情侣在院中闲逛；还能望见二层的职员离开办公桌，去屋顶平台参加晚宴。

设计特色

"千渡馆"由高低两类体块组合而成：高体块为石材框架立面，内含大厅、办公、庭院等功能，室内为暖色调；低体块为玻璃幕墙立面，内含洽谈、会议室等功能，室内为冷色调。两类体块高低交替，平面前后错开。低体块屋顶为高体块之间的露天平台，高体块局部内含通高庭院。这种形体功能的布置带来两种完全不同的空间体验：一是沿着体块方向，长条纵向的深空间，视线可以毫无阻挡地穿透建筑，看到室外的城市环境；二是垂直于体块的方向，平行多层的浅空间，视线能够穿透一层层的浅空间，甚至还能在水平和垂直方向上斜向看穿各个体块的空间与功能，形成室内、室外、再室内、再室外的多重视线穿透效果。

室外景观延续了建筑的条状形态：地形被与建筑体块同宽的线切分开，高低起伏交错，切开的侧面封锈钢板。

01

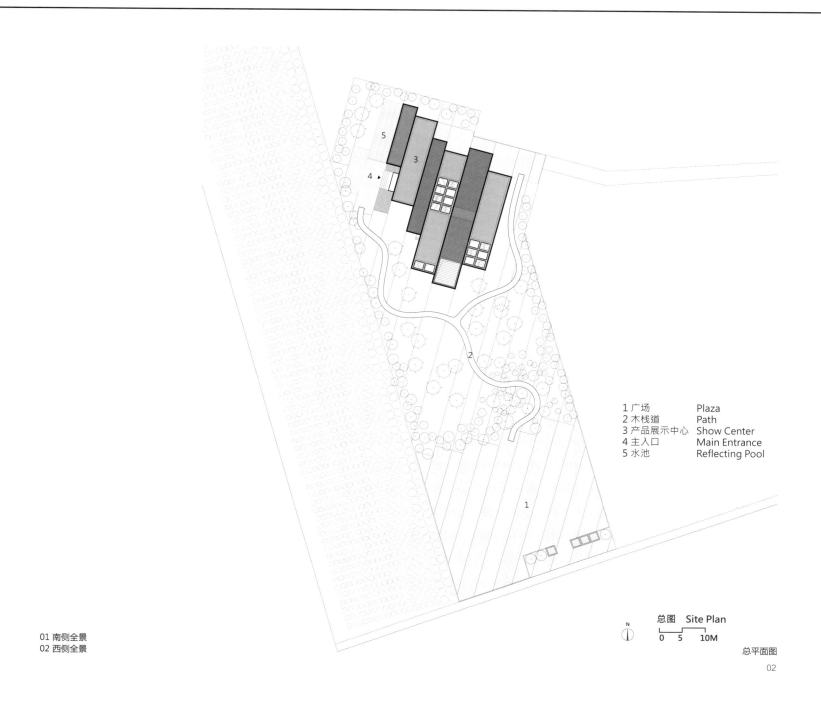

1 广场　　Plaza
2 木栈道　Path
3 产品展示中心　Show Center
4 主入口　Main Entrance
5 水池　　Reflecting Pool

01 南侧全景
02 西侧全景

总图　Site Plan
0　5　10M

总平面图
02

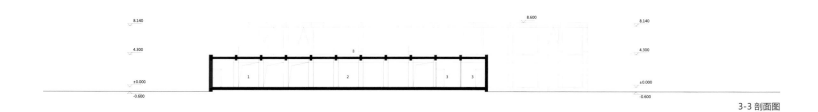

3-3 剖面图

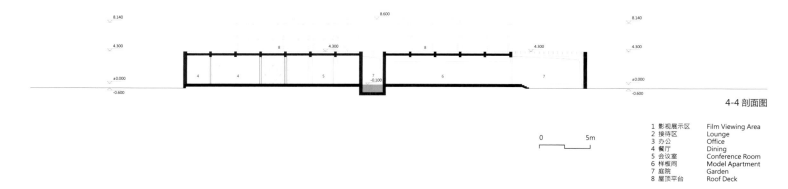

4-4 剖面图

1	影视展示区	Film Viewing Area
2	接待区	Lounge
3	办公	Office
4	餐厅	Dining
5	会议室	Conference Room
6	样板间	Model Apartment
7	庭院	Garden
8	屋顶平台	Roof Deck

0　　　5m

03

03 夜晚入口

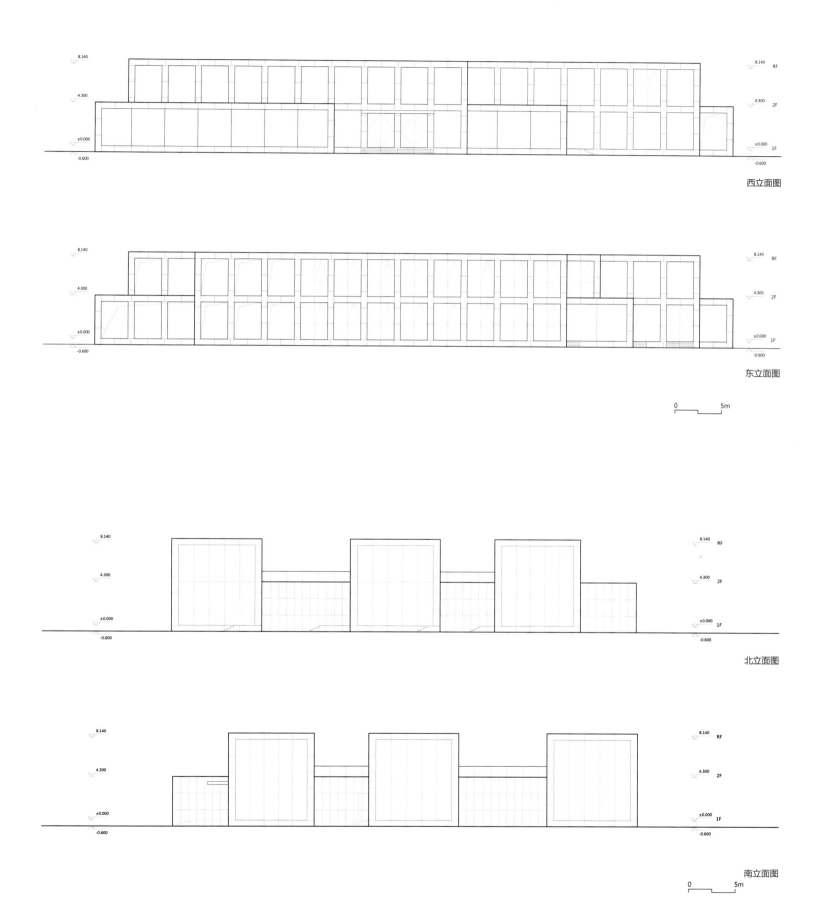

8.140

4.300

±0.000
-0.600

8.140 RF

4.300 2F

±0.000 1F
-0.600

西立面图

8.140

4.300

±0.000
-0.600

8.140 RF

4.300 2F

±0.000 1F
-0.600

东立面图

0   5m

8.140

4.300

±0.000
-0.600

8.140 RF

4.300 2F

±0.000 1F
-0.600

北立面图

8.140

4.300

±0.000
-0.600

8.140 RF

4.300 2F

±0.000 1F
-0.600

南立面图

0   5m

04 05

06 07

08 09

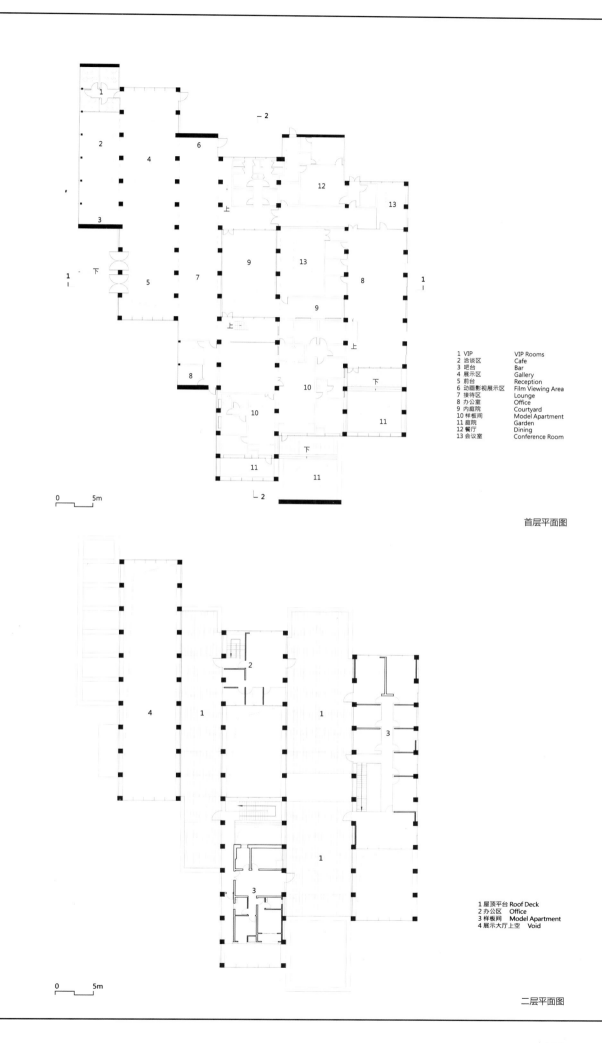

1 VIP   VIP Rooms
2 洽谈区   Cafe
3 吧台   Bar
4 展示区   Gallery
5 前台   Reception
6 动画影视展示区 Film Viewing Area
7 接待区   Lounge
8 办公室   Office
9 内庭院   Courtyard
10 样板间   Model Apartment
11 庭院   Garden
12 餐厅   Dining
13 会议室   Conference Room

0   5m

首层平面图

1 屋顶平台 Roof Deck
2 办公区   Office
3 样板间   Model Apartment
4 展示大厅上空 Void

0   5m

二层平面图

04 展示大厅
05 洽谈区
06 从庭院看展示大厅
07 从接待区看展示大厅
08 屋顶平台
09 屋顶平台和庭院

CCT CENTER
诚盈中心

项目地点：北京朝阳区
项目进度：2013 年建成
建筑面积：1 000 平米
主要材料：镂空铝板、LOW-E 玻璃
结构形式：钢结构
建筑设计、室内设计：北京艾迪尔建筑装饰工程有限公司
设计团队：罗劲、张晓亮、高山

关键词
玻璃幕墙
铁锈色立体镂空铝单挂板

项目概况

    诚盈中心是集售楼和办公为一体的综合类项目。艾迪尔提供了从建筑到室内的整体设计服务。用地是一个等腰直角三角形，建筑在沿主干道退红线后完整地反映了这一地段特征。办公售楼中心由两层组成，一层为销售展示区及洽谈会议区，二层为内部办公区。

设计特色

建筑

    建筑主体采用体块削切、虚实对比的造型手法，其外观如一条不规则的连续框筒沿三角形路径立体交错、搭建连接在一起，并通过首层玻璃幕墙及两个锐角的悬挑削切，配以贴近底部的浅水景观处理，呈现了强烈的悬浮感，给人带来鲜明突出的视觉冲击力。

    建筑采用了双层皮幕墙系统，内侧为玻璃幕墙，外侧为铁锈色立体镂空铝单挂板。根据镂空图形的大小设计了三种规格模数，每一个镂空图形单元均有一边向外折出，形成了强烈的立体观感。这种虚实相间的双皮幕墙不仅带来了鲜明的外观特征，而且将直射的阳光过滤，创造形成了斑驳变化的室内光影效果。

01

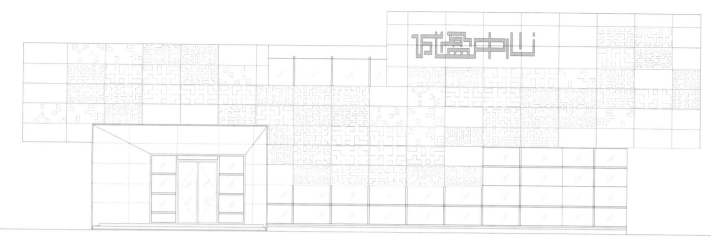

室内

　　设计也将建筑造型语言延伸到了室内空间。进入室内，首层为一处开敞挑高的接待大厅，自然光透过顶部天窗引入室内，使得建筑内外相融，渲染了洁白素净的室内空间氛围。视线尽端的三角形建筑形体连同铁锈色挂板皮肤通过天窗直接穿入室内，由一处轻盈的连桥同二层主体连接起来。通过对首层空间的合理分割，设计在大厅内部分别设置了展示区、开放洽谈区、VIP洽谈区和签约室等，形成了各具特点的不同功能区域。从室内向外看，窗外的景观被镂空挂板重构成了新颖多变的取景框，也形成了新的半透的肌理屏风，给室内带来了丰富的视觉体验。二层空间主要设置为内部办公区和会议区，开放办公区通透敞亮，三角形会议室独具良好的景观视野，透过双皮幕墙的采光形成了丰富的室内光感效果。

01 立体交错、搭建连接在一起的建筑远景
02 建筑效果
03 南立面效果
04 外观
05 外立面上的玻璃幕墙及铁锈色立体镂空铝单挂板

02

04

03

05

06

07

08

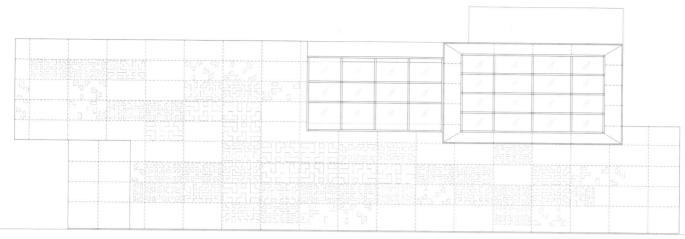

西立面图

06 立体交错、搭建连接在一起的建筑远景
07 外立面上的玻璃幕墙及铁锈色立体镂空铝单挂板
08 夜景
09-10 一楼挑高的接待大厅
11 二层空间

THE TALES PAVILION
态思故事展厅

项目地点：北京朝阳区
项目进度：2013 年建成
建筑设计、室内设计：LUCA NICHETTO DESIGN STUDIO
AB
主设计师：Luca Nichetto
摄影：Jonathan Leijonhufvud

关键词
外立面
铜管

设计特色

建筑设计

态思故事展厅坐落在丽都花园鸟语花香的幽静湖边，是一个独栋建筑体，设计用 1 200 根铜管将整个建筑包围，成为覆满整座展厅的"铜草"，这些"铜草"会随着时间的变化自然地变幻颜色，反映了丽都花园生机勃勃的景象。同时建筑设计也反映了态思年轻前卫的形象，就像野草，自由，充满生命力。

和建筑外观的有机形态形成对比，透过古铜色的巨大窗框，温暖而舒适的室内环境隐约可见，参观者沿着非线性的混凝土长廊可直通前门，同时感受到外立面设计中人为的现代感和自然美的完美结合。

01

01 被铜管覆盖的外立面夜景

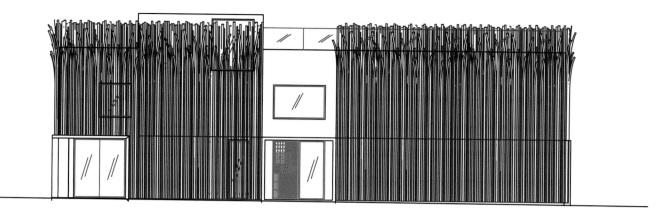

立面图

sec F

剖面图

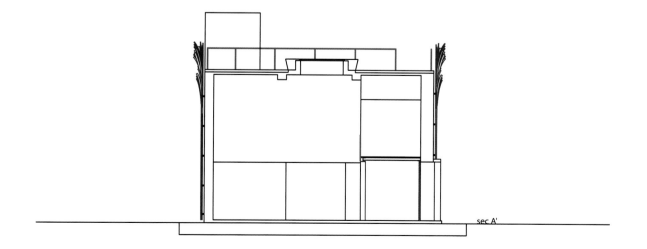

sec A'

剖面图

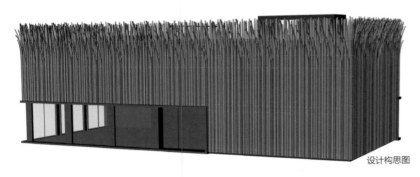

设计构思图

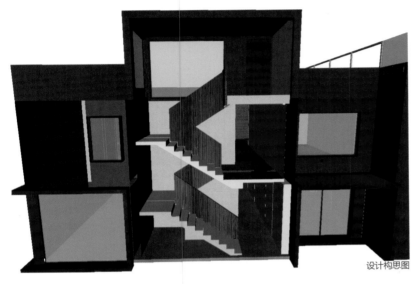

设计构思图

03

04

02 被铜管覆盖的外立面
03 被铜管覆盖的外立面细部
04 透过窗子看到的室内景象

室内设计

　　室内通过材料和颜色来突出其轮廓，围绕展厅核心区的是不同的样品间，接待室和商务区也沿中心区域布置，其中部分空间使用的榆木回收自河北的老房子，营造了一种温暖、质朴的氛围。

　　态思故事厅的目标是打造一个活跃和充满朝气的国际级设计品展示平台。"讲故事的设计"理念贯穿于其对品牌和设计作品的挑选，也完美地和 Nichetto 的创新思维呼应。

05 一楼展示区
06 一楼中心洽谈区
07 从二楼俯视一楼
08 卫生间来自摩洛哥的手工彩砖
09 二楼家具展厅及悬挂的巨型吊灯

05

06

07 08

09

办公 研发
OFFICE & RESEARCH

ALIBABA TAOBAO CITY
阿里巴巴淘宝城

项目地点：浙江杭州
项目进度：2013 年建成
建筑面积：260 000 平方米
结构形式：钢筋混凝土
建筑设计：隈研吾建筑事务所
摄影：Sadao Hotta

关键词
立面
连桥
编织的铝制金属网

项目概况

淘宝城是中国 IT 行业引导者——阿里巴巴的企业总部。项目位于杭州郊外，与西溪湿地国家公园相邻。低层平板层叠的建筑使得员工们可以更好地享受到周围的环境。

设计特色

办公楼有两个简单灵活的的单体构成，近 20 米高，100 米长，一端是一个绿色的开放庭院，宜人的绿色空间在其他城市办公环境中很少见。

办公楼底层入口为玻璃材质，低能耗落地玻璃与挑檐式遮阳相结合，降低了环境负荷并创造了开放的空间，将环境引入室内空间。

六个办公单体通过一个连桥连接，可以将其称为"连接空间"，"连接空间"里包含了运动中心、图书馆、会议中心以及其他的一些功能空间，可以满足员工工作以外的活动。L 形的外立面为编织的铝制金属网，并形成了 2 米缩进的挑檐，可以更好地融入周围环境，同时也和一般办公楼坚硬的盒状结构形象形成对比。

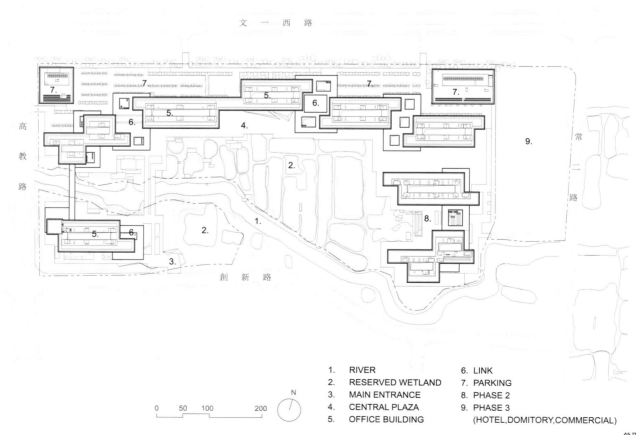

1.	RIVER	6.	LINK
2.	RESERVED WETLAND	7.	PARKING
3.	MAIN ENTRANCE	8.	PHASE 2
4.	CENTRAL PLAZA	9.	PHASE 3
5.	OFFICE BUILDING		(HOTEL,DOMITORY,COMMERCIAL)

0 50 100 200

N

总平面图

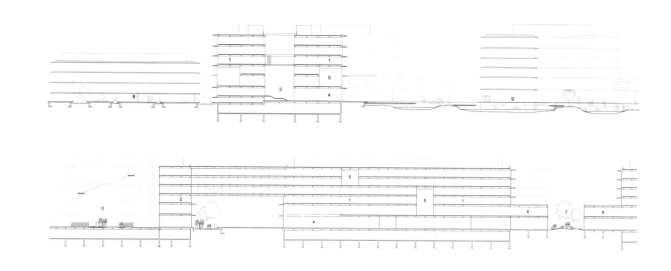

1. BAY OFFICE
2. EV HALL
3. ATRIUM
4. LOBBY
5. TERRACE
6. THEATER LINK
7. COURT YARD
8. PARKING
9. RESERVED WETLAND

剖面图

01-02 全景

03 全景
04-05 层叠的楼板及保留的水环境
06 夜景

05

06

09

11

10

12

13 室内大堂休息区
14 餐厅室内
15 通高玻璃的办公空间

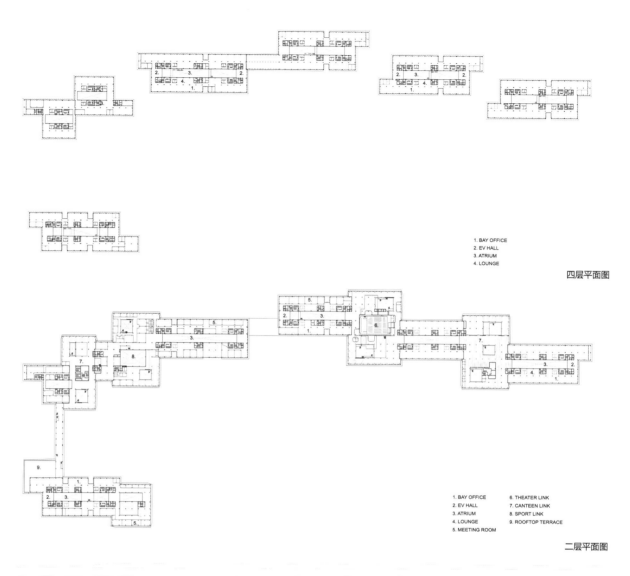

1. BAY OFFICE
2. EV HALL
3. ATRIUM
4. LOUNGE

四层平面图

1. BAY OFFICE   6. THEATER LINK
2. EV HALL   7. CANTEEN LINK
3. ATRIUM   8. SPORT LINK
4. LOUNGE   9. ROOFTOP TERRACE
5. MEETING ROOM

二层平面图

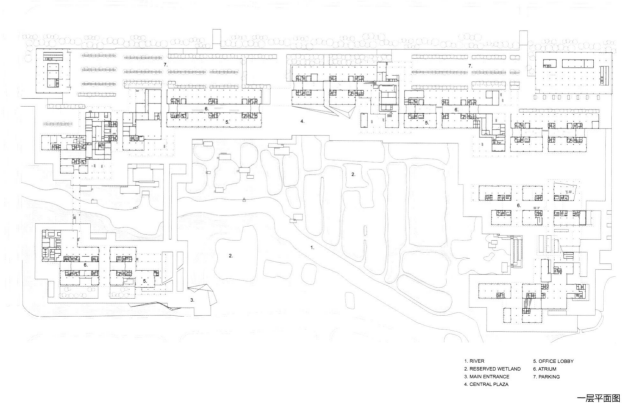

1. RIVER   5. OFFICE LOBBY
2. RESERVED WETLAND   6. ATRIUM
3. MAIN ENTRANCE   7. PARKING
4. CENTRAL PLAZA

一层平面图

BAYINNAOER CITY LINHE DISTRICT COMPREHENSIVE ADMINISTRATIVE OFFICE

巴彦淖尔市临河区综合行政办公楼

项目地点：内蒙古巴彦淖尔
项目进度：2012 年建成
用地面积：65 420 平方米
建筑面积：41 277 平方米
建筑高度：38.4 米
结构形式：钢筋混凝土框架
建筑设计：中国建筑设计研究院器空间建筑工作室
方案设计：曹晓昕、李衣言
设计主持：曹晓昕
摄像：张广源

关键词

外立面
中庭空间

设计理念

　　基于行政办公建筑的形态、功能，建筑的地域性、民族性，以及由巴彦淖尔文化萃取出的精华与建筑语汇的叠加，临河区政府办公楼最终营造出极富张力、独一无二的外部形态。建筑被挤压的入口空间由下而上地扩散至顶层，而在顶层，建筑端头又被以同样方式挤压。这种设计方式让我们看到了建筑本身的物质力量，一种胶体形式的抗拒成为一种固化的力量，一种成长以及蓄势待发的张力。这恰好契合了内蒙古人内心坚毅、厚积薄发的性格特征。

　　内部空间是满足工作人员办公的场所，设计回归了小开间模式。而且由于外部形态，中庭空间被立体切割为三个部分，这三部分空间的墙面与外部形态以同样的方式被挤压，使建筑的张力由外及内地传递。整个建筑无时无刻不再捕捉一个状态，一个性格，一种力量——蓄势待发。

01

01 正立面夜景
02 背立面日景

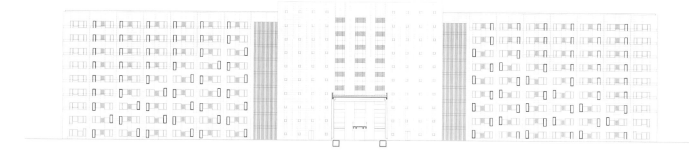

临河立面图

临河轴立面图

03 建筑入口
04 建筑侧立面
05 建筑背立面

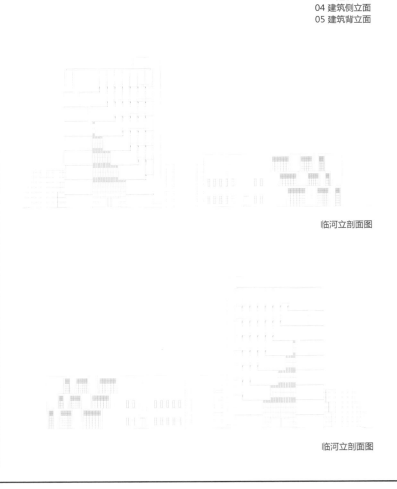

临河立剖面图

临河立剖面图

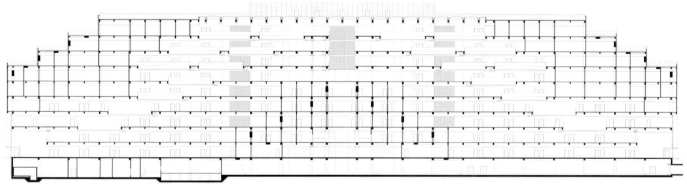

临河剖立面图

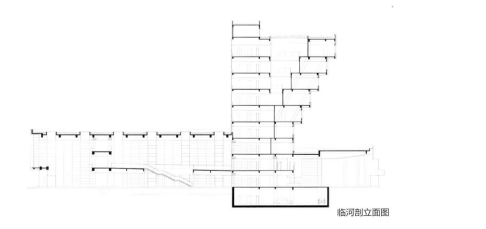

临河剖立面图

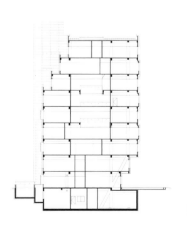

临河剖立面图

06 正立面夜景
07 立面细部
08 立面在水中的倒映
09 室内中庭

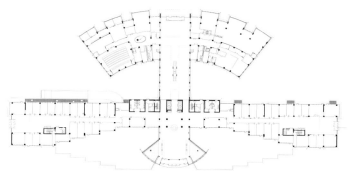

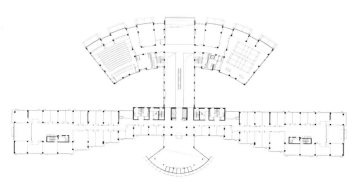

一层平面图

二层平面图

临河三层平面图

临河四层平面图

THE RENOVATION OF SHENDU BULIDING

申都大厦改造

项目地点：上海黄浦区
项目进度：2013 年建成
用地面积：2 038 平方米
总建筑面积：6 231 平方米
主要外装修材料：金属拉伸网、仿素混凝土涂料
主体结构形式：钢混框架
建筑设计：华东建筑设计研究总院

关键词
老建筑改建
绿色建筑

设计理念

朴素的绿色生态设计观

改造设计的核心理念是营造"身边的绿色"。以改善内、外部办公环境为设计的出发点，用自然的本色塑造具有新意的建筑整体及充满诗意的绿色办公空间。建筑改造与绿色技术紧密结合，积极提倡被动式设计，避免高昂的技术干预，实现"身边的绿色"。

设计特色

申都大厦已有 30 余年历史，原建于 1975 年为上海围巾五厂车间，1995 年经历第一次改造，加建两层后做为办公使用。2008 年开始第二次改造设计。在既有建筑周边环境条件复杂局促的现状下，该项目的设计以旧房改造、绿色三星与低造价限额设计为前提展开。

01

丰富的空间体验

空间改造在尽可能保持原使用面积不减少的原则下，植入中庭和边庭设计，引入风与光的自然元素，以改善内部的使用环境。

边庭空间。南立面与东南转角空间退现状轮廓设置绿化边庭，作为视线与声噪的过滤器，同时充分利用南向侧向采光来改善主要办公空间的光环境。此外，通过绿化边庭的设计借景给相邻居民，也创造了良好的人居环境。

屋顶第五立面。屋顶露台拥有 360° 的城市景观，设计利用光伏电板的架空高度新设敞厅空间，作为建筑对城市的延伸。敞厅外屋顶菜园的设计提供了一种城市与自然结合的全新休闲方式，分块状实现多样化的蔬果种植，为都市白领积极参与到屋顶园艺的培育耕作、体验新鲜蔬果的收割乐趣创造了条件。

创新的垂直绿化外遮阳系统

垂直绿化系统立足于为内部空间创造绿意盎然的办公环境。该系统由 60 块标准绿色模块吊装构成，完全独立于建筑主体的内外实体界面，这种手法可以同时实现室外远观和室内近感的双重功能，即内外见绿。每块模块由单位钢桁架、藤本攀爬植物、不锈钢攀爬网、金属延展网、微灌喷雾系统和灯光照明等多重元素构筑而成。其中，藤本植物选配采用多品类混种的策略，利用植物本身落叶开花的季节性特征，将室内视野与建筑立面在春夏秋冬打造出不同的表情色彩。

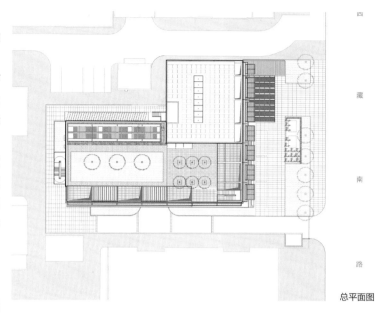

总平面图

01 建筑与周边环境
02 沿街外立面

03

04

05

被动式自然通风采光设计

玻璃采光中庭。中庭拔风与边庭进风协同作用，形成良性的空气对流，有效地扩大了自然通风的影响范围。

东立面与南立面的内立面改造均采用了楼层通高的高透性能 low-E 双层夹胶钢化玻璃固定扇，以及通高的内导平移推拉门开启扇，力求最大限度地获取光与风的自然元素。

能效监管平台

智能型建筑设备管理系统（BMS），对建筑物内各种机电设备进行监视、测量、调节和控制，高效管理建筑的能源系统，确保建筑物内环境的舒适。

03 入口雨棚
04 从住宅区看改造后的申都大厦
05 沿街外立面
06 东立面垂直绿化

节点设计

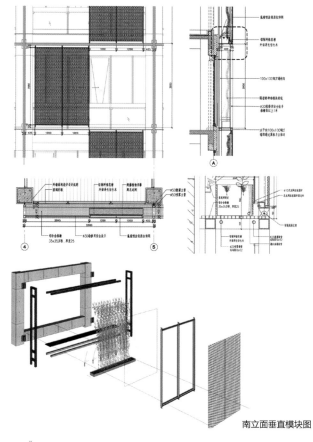

南立面垂直模块图

节点设计

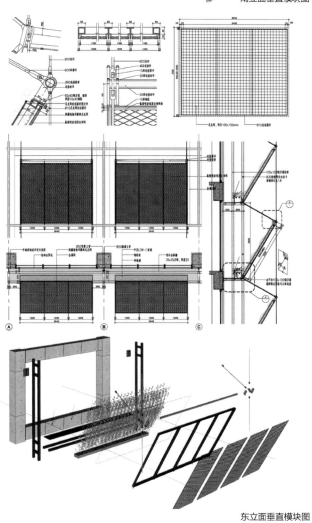

东立面垂直模块图

07 斜拉金属模块细部
08 消防楼梯
09 室内全景图

10 屋顶菜园
11 南侧边庭

A8 MUSIC GROUP HEADQUARTERS
A8 音乐集团总部办公楼

项目地点：广东深圳
项目进度：2014 年建成
建筑面积：50 000 平方米
建筑设计：UNIT（深圳单元建筑设计顾问有限公司）
主设计师：杨沫阳
设计团队：王炜琪、李静、潘和民、曾园、胡恒
施工图设计：深圳大学设计研究院

关键词
外立面
LED 灯条

01 沿街建筑远景
02 建筑侧立面

设计理念

A8 音乐集团是中国领先的互联网音乐公司，设计的目标是创造一个与音乐有本质关联的建筑。建筑的体量生成基于音乐最基本的音符阅读原理，将建筑切分成 8 个等质的体量，然后让音乐声波作用于这些被切分的体量，形成建筑的表面机理。

设计特色

很多音乐家如：莫扎特、亚历山大·斯柯拉宾等人对颜色和音乐有通感现象，他们经常用不同的颜色来谱曲。参照这种通感现象，建筑表面的彩色 LED 灯条根据 A8 音乐集团的门户网站的实时访问流量作出变化。因此，建筑本身成为了一个用颜色作曲的装置，它的创作由世界各地的网站访问者共同参与，并且这个创作的过程永远不会停止，它是一个动态的过程，它以音乐的方式，揭示了一个看不见的互联网世界。从这个意义上说，设计创造了一个永远不会停止的、全世界最为疯狂的作曲家。

01

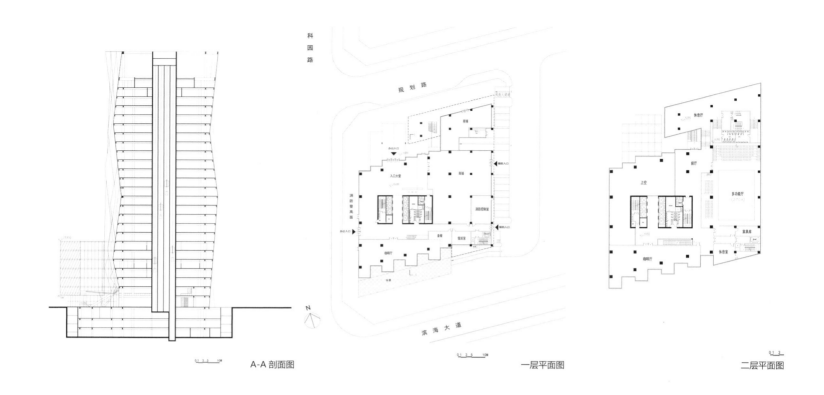

A-A 剖面图   一层平面图   二层平面图

04 入口
05 夜景图
06 夜景中外立面上 LED 灯条颜色随机变化

04

SHANGHAI ECNU SCIENCE PARK OFFICE BUILDING

上海华师大科技园办公楼

项目地点：上海
项目进度：2014 年建成
建筑面积：50 000 平方米
主要材料：玻璃、铝板、花岗岩
建筑设计：筑境设计（原中联程泰宁建筑设计研究院）
设计团队：薄宏涛、于晨、吴竑、吴志全、赵明褆、樊文婷

关键词
生活化园区
立面

设计理念

　　对于科技密集型和人才密集型的科技创新产业而言，舒适宜人且设备完善的集聚生活、商业、休闲设施为一体的园区环境能极大地提高工作乐趣和效率，并激发创造力。生活化是未来办公空间人性化发展的一大趋势。

　　设计旨在打造一个现代化的高科技园区的同时兼顾到城市的功能与城市的空间，将本案设计成一个开放的科技园区，将城市的街道、广场延伸至园区内来，使之成为城市的一个有机组成部分。建筑立面简洁大气，同园区内其他建筑获得尺度和韵律的统一，立面划分讲究虚实对比，在统一中寻求变化，将玻璃、铝板、花岗岩等材质有机地结合在一起，表现出富有时代感的现代办公建筑的特征。

01 沿街外立面
02 侧立面
03 基座
04 仰视外立面

02 03

04

SHANGHAI SPD BANK, SUZHOU BRANCH
上海浦发银行苏州分行

项目地点：江苏苏州
项目进度：2013 年建成
建筑面积：18 000 平方米
建筑设计：德国 FTA 建筑设计有限公司

关键词
绿色建筑
办公

项目概况

　　上海浦发银行苏州分行位于苏州工业园区钟园路，西侧临河，景观条件优越。建筑主体由三层裙房和十五层的板式塔楼组成，塔楼面朝钟园路，西临花园。

　　建筑主入口位于南侧，入口的两层高柱廊连接了建筑与公共街道的过渡空间。三层高的裙房包含了所有公共功能，设置有银行大厅、咨询区、会议室和 VIP 区等特殊功能空间。主楼以大空间开敞式办公为主，辅以会议功能，通过单人、多人办公室的设置，达到建筑内部空间的有效利用。塔楼的顶端是高级管理办公室与接待室。核心筒为观光电梯，西侧每两层设置多功能景观中庭，既便于将水景引入建筑内部，又能够遮挡西晒。

设计特色

　　建筑立面通过深色玻璃和深灰色的铝合金构件组成的幕墙体系，营造出简洁、优雅的国际化形象。宁波银行苏州分行与浦发银行相毗邻。它们功能设置相同，但结合不同甲方的各自意见，采用不同的立面形式，表达了各具特色的金融建筑形象。

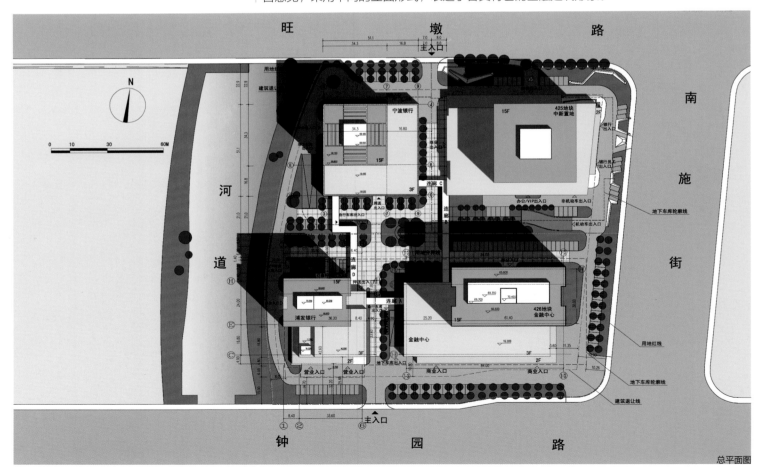

总平面图

01 滨水实景

02 滨水实景
03 外立面仰视
04 裙房

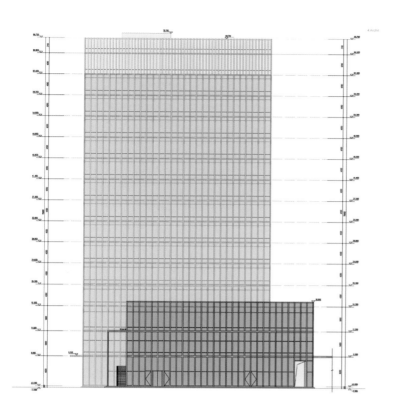

南立面图

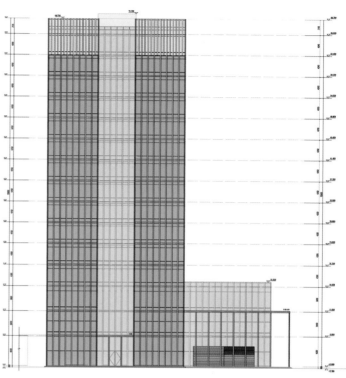

西立面图

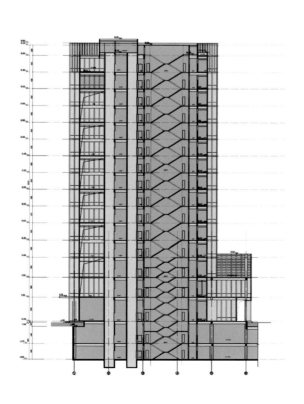

3-3 剖面图

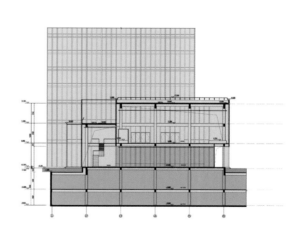

4-4 剖面图

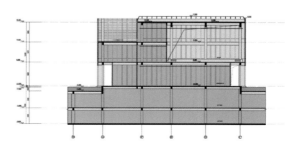

5-5 剖面图

CHLD CORPORATE HEADQUARTERS
中华房屋企业总部

项目地点：陕西西安
项目进度：2012 年 10 月建成
用地面积：10 150 平方米
建筑面积：6 880 平方米（地上）
　　　　　3 050 平方米（地下）
主要材料：石材、玻璃
规划设计、建筑设计：博德西奥（BDCL）国际建筑设计有限
　　　　　公司

关键词

庭院式布局
生态节能
立面

项目概况

　　项目地处西安浐灞上游区位，占据灞河一线壮阔水域，零距离接触 2.5 公里滨河天然水岸。项目与 2011 西安世界园艺博览会主会址隔河相望，独特的自然生态景观成为项目的后花园。

设计特色

立面设计

　　立面设计以石材和玻璃为主，虚实结合，色彩以黑白为主色调，彰显建筑的简约朴素却不乏大气的高贵气质。

南立面图

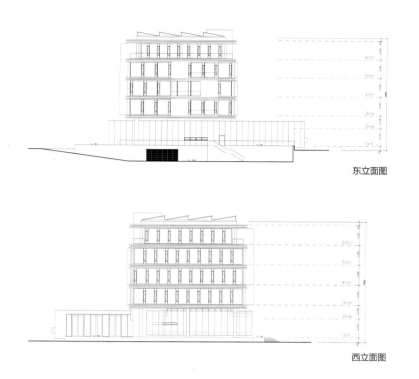

东立面图

西立面图

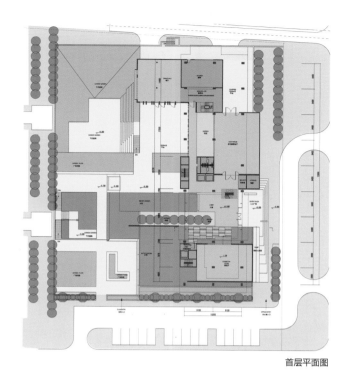

首层平面图

01 远景图
02 正立面图

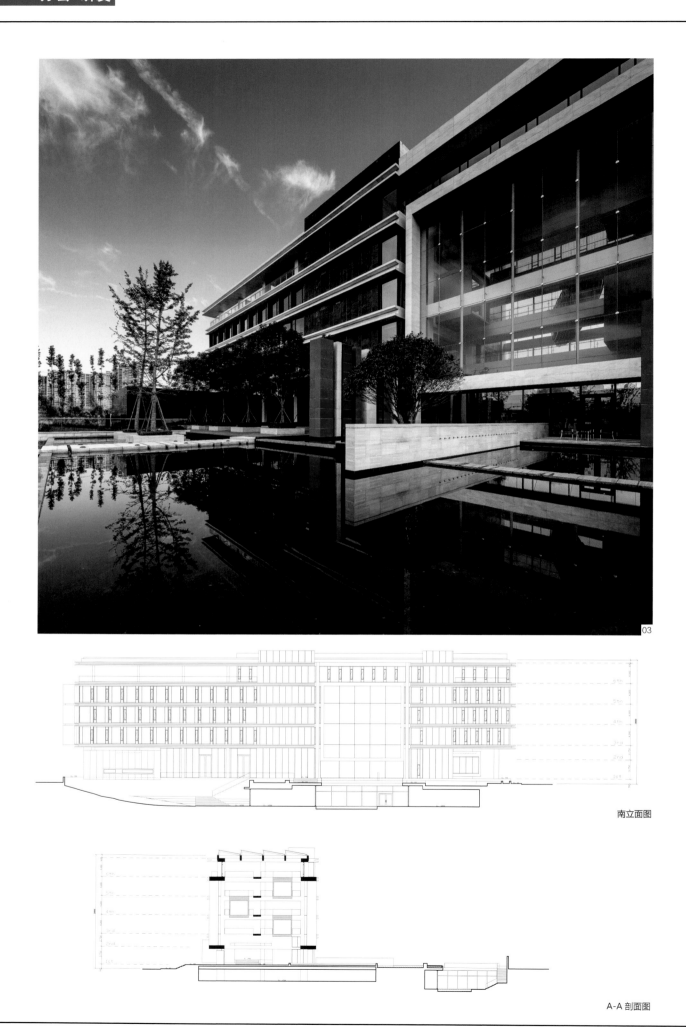

南立面图

A-A 剖面图

庭院式的建筑布局

会所布置在西南侧，与企业办公形体分离，结合景墙、绿化水景景观的设计，形成极具特色的庭院式布局方式，营造了安静宜人的休闲环境。

景观与建筑融合共生

开放的办公空间打破了传统的分级办公环境，并有利于生态节能；每一个开放办公空间都有共享空间，如屋顶花园、庭院、中庭等，这些空间为不同部门、不同级别的员工提供了良好的交流环境。

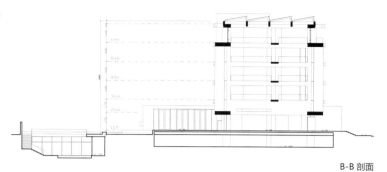

B-B 剖面

03-04 建筑与水景的融合

04

05

生态节能设计

设计采用小进深平面，从而给室内办公空间带来更多的自然光线及室外景观，促进了人与自然的交流。另有屋顶花园、室内中庭、太阳能光电板、雨水收集、遮阳板、双层幕墙等生态节能体系。

06

07

08

MAHUA FUNAGE ENTERTAINMENT CORPORATION
开心麻花办公总部

项目地点：北京西城区
项目进度：2013 年建成
建筑面积：2 500 平方米
建筑设计、室内设计：北京艾迪尔建筑装饰工程有限公司
主设计师：罗劲、张晓亮

关键词
老厂房改建
钢锈板外立面

项目概况

本案例为老建筑改造项目，位于北京市西城区新华 1949 文化设计创意园区 5 号库、6 号库老厂房内。使用建设方是以"开心麻花文化发展公司"为主体的"西城原创音乐剧基地"。

使用方希望充分利用两栋厂房，通过合理设计，规划出满足 70 人左右的办公空间，容纳 350 人左右的小剧场，售票区域以及新剧发布、聚会等活动的公共共享空间。不同功能空间要整体、连贯，便于使用。

设计理念

建于 20 世纪 40 年代的老厂房为砖混结构，外观为红砖墙面，高大、朴素，有着强烈的历史存在感。整个设计过程中包含了对老建筑历史的尊重，对新旧建筑协调性的考量以及对主题性多义的室内空间的探索。在功能布局上，南侧厂房被作为办公场所，北侧厂房设置为剧场，两栋厂房中间则加建一处新建筑作为共享空间。

01

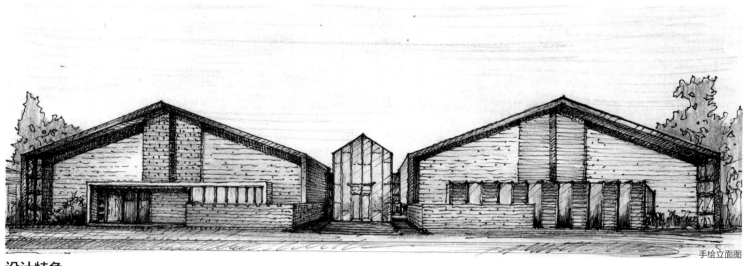

手绘立面图

设计特色

位于两栋旧厂房中间的新建筑，采用和厂房相同的尖顶造型，高度为 10 米，通过钢锈板材质的带状造型将两栋旧建筑连接起来，优雅对称且个性鲜明。加建空间作为整体建筑组合的核心，通过连桥穿过水面进入室内，有一种静谧的仪式感。新建筑内部为白色调的二层空间，分别连接办公室和剧场，可作为售票、等候、新剧发布和聚会等活动区域，独立而完整。

南侧厂房的办公空间内，延续钢木组合桁架的形式和色彩搭建了两层空间，穿过斑驳红砖墙后的楼梯可上至二层。屋顶新开放的天窗将阳光引入室内，阳光下入口前厅处种植了一棵巨大的榕树，树荫下设置了三处半开放洽谈空间，由经过特殊处理的纸板材料构筑而成的半圆屏风可自由滑动围合，保证了一定的私密性。这种自然、延续、立体的空间处理手法使整个办公空间个性鲜明、舒适。

借助适宜的空间尺度，设计在北侧厂房轻松地设置了一处可容纳350 人左右的小剧场，马道、排练厅、监控室、化妆间一应俱全。

01-02 三个建筑单体的外立面夜景

02

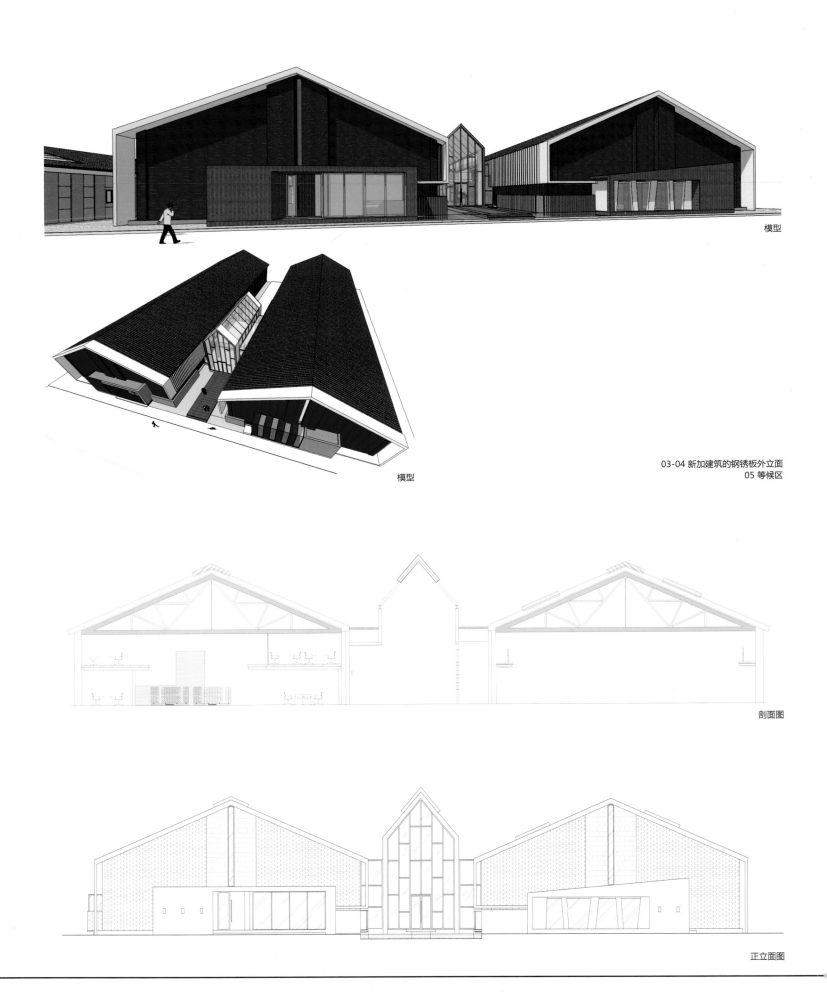

模型

模型

03-04 新加建筑的钢锈板外立面
05 等候区

剖面图

正立面图

03 04

05

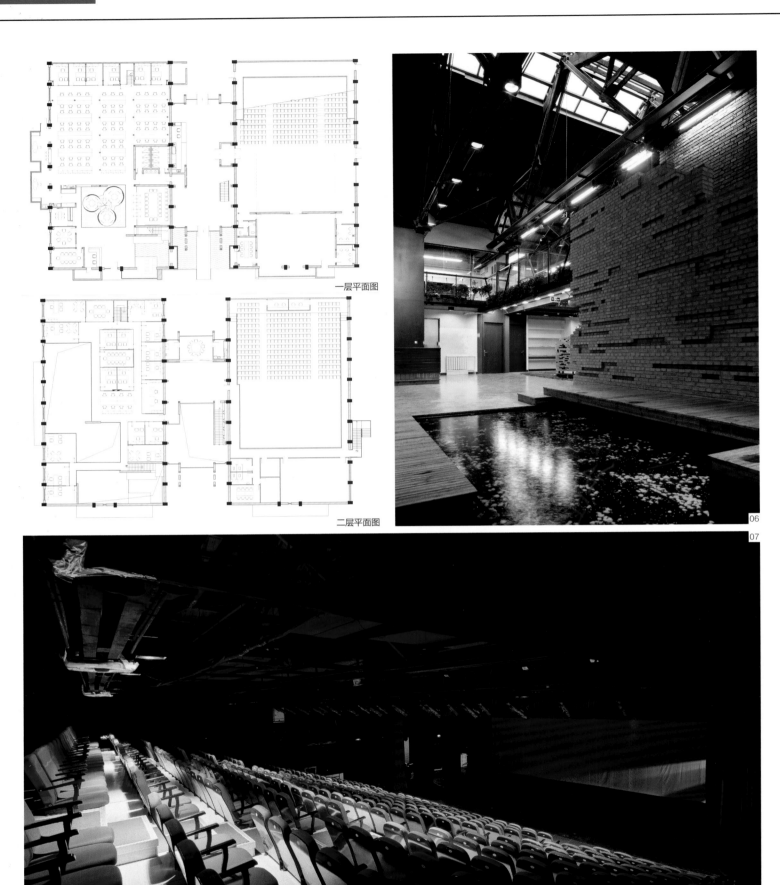

一层平面图

二层平面图

06 前厅
07 剧场
08-09 讨论区
10 会议室
11-12 开放办公区

SHANGHAI BAOYE CENTER
上海宝业中心

项目地点：上海长宁区
项目进度：在建
建筑面积：27 394 平方米
建筑设计：零壹城市建筑事务所
设计团队：阮昊、詹远、Gary He、李琰、金善亮、Devin Jernigan
合作设计：浙江宝业建筑设计研究院有限公司
图片版权：零壹城市建筑事务所

关键词
三个庭院
模块化遮阳屏板组成的外立面

项目概况

项目是上海虹桥新中心商务区二期开发的一部分，位于上海市西面高速发展区。场地位于公路、铁路和航运交通枢纽的交会点，也是人们在高铁从南面进入虹桥火车站前能看到的最后一座建筑，赋予了项目作为重要的城市空间的地位。

场地形状由城市规划的两块绿地挤压成了 L 形；场地的东面、南面和西面要求 60% 的建筑红线贴线率；场地北面紧临一条 24 米高的横跨而过的高架公路。同时建筑容积率不得超过 1.60，建筑高度不超过 24 米。

设计特色

应对这些条件，项目设计在体量围合与开放空间，在功能性使用和游走性体验中寻找平衡关系。根据西面入口、东南面公园和北面绿地的周边环境对体量边界进行挤压，将线性的形态分成三个功能体量，三个外向型开敞空间和三个内向型围合庭院。

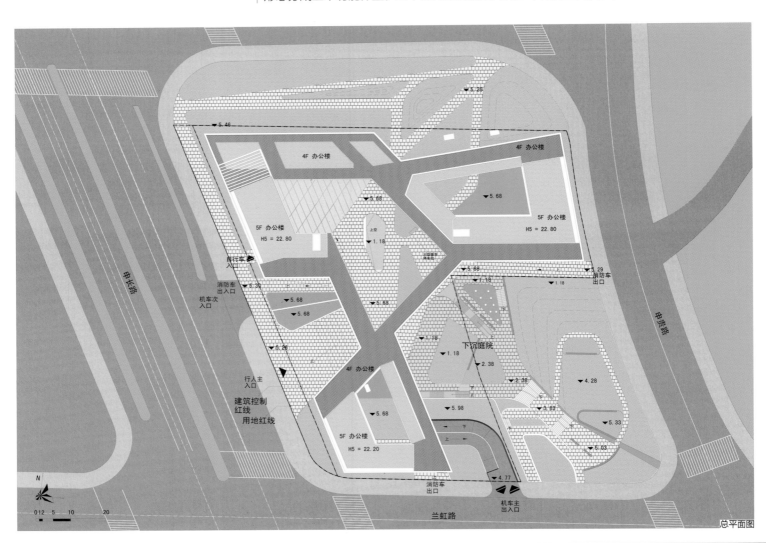

总平面图

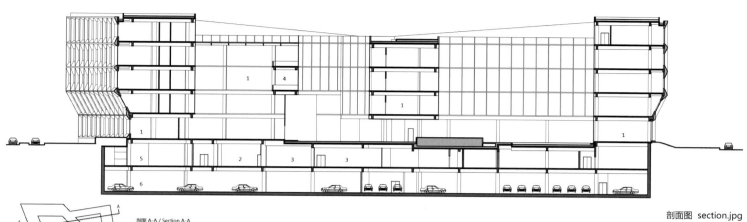

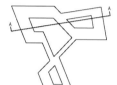

剖面 A-A / Section A-A
比例 / Scale 1:400

1. 办公区 / Office
2. 大堂 / Lobby
3. 咖啡厅 / Coffee shop
4. 走廊 / Hallway
5. 自行车库 / Bike Parking
6. 车库 / Parking

剖面图 section.jpg

01 模块化遮阳屏板组成的外立面
02-03 模型

01

02

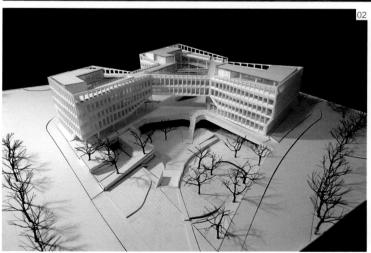

03

东立面图

西立面图

开敞空间交汇处的体量被抬高，令地面步行交通贯通，连接西面主入口，南、北面公园绿地和中心庭院。三个庭院被塑造出不同的性格：中心庭院作为人流汇聚点最为开放，也是公众活动集中的场所；南面的庭院联系中心庭院和东侧的公园，是半开放的景观庭院；北侧的庭院是由建筑围合的水院，为办公提供静谧的场所。三个功能体量作为三个主要的办公空间，既可以被独立地使用，也可以连接成为一体。它们由空中廊桥分别在二、三、四层联系起来，人们可以通过连廊在不同庭院之间游走。局部五层的办公楼结合屋顶花园，提供远眺城市风光的平台，也可以欣赏近处的景观和庭院。独特的建筑立面由模块化的遮阳屏板组成。屏板在水平向的渐变赋予了立面以流动性。这些不同斜度的屏板也改变了窗户的高度，控制室内空间的采光。

本项目致力营造一个充满启发性的办公环境，给予使用者多层次的建筑体验及空间感。在与城市复杂的多样性的对话下，兼顾了中国古典园林的秩序，视觉感受，体量关系以及建筑和庭院的和谐共存。

04 入口
05 庭院围合的广场
06 走廊

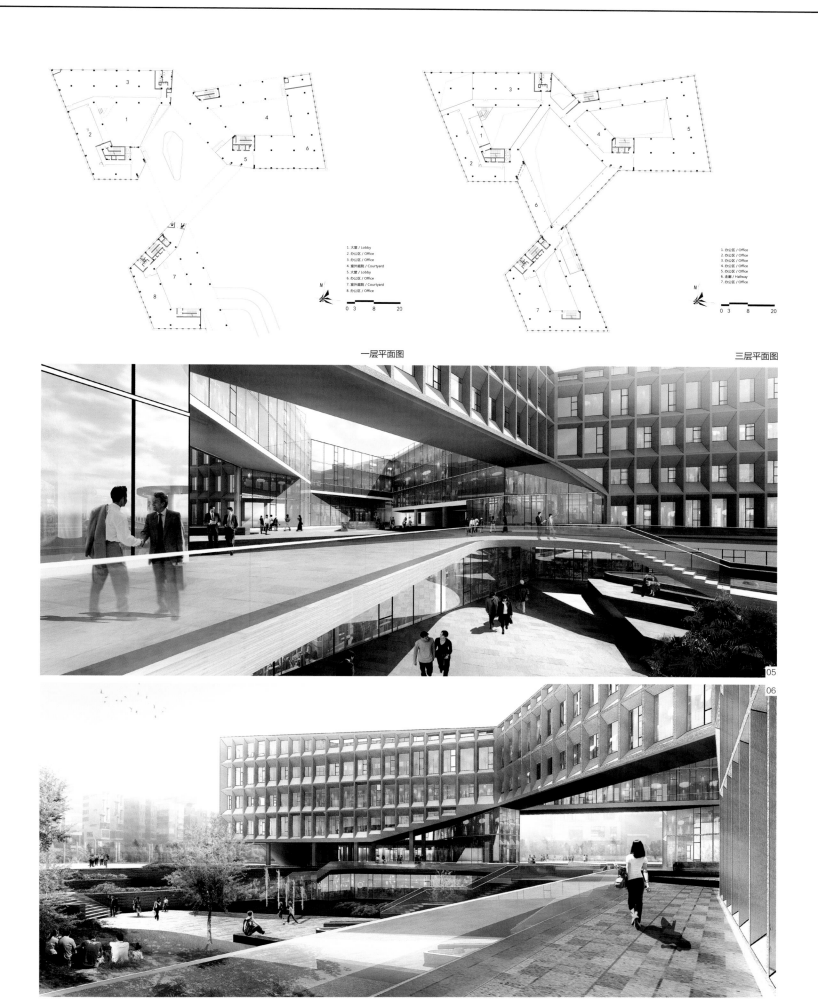

1. 大堂 / Lobby
2. 办公区 / Office
3. 办公区 / Office
4. 室外庭院 / Courtyard
5. 大堂 / Lobby
6. 办公区 / Office
7. 室外庭院 / Courtyard
8. 办公区 / Office

1. 办公区 / Office
2. 办公区 / Office
3. 办公区 / Office
4. 办公区 / Office
5. 办公区 / Office
6. 走廊 / Hallway
7. 办公区 / Office

一层平面图

三层平面图

GUODIAN NEW ENERGY TECHNOLOGY RESEARCH INSTITUTE

国电新能源技术研究院

项目地点：北京昌平区
项目进度：2013 年建成
建筑面积：243 100 平方米
主要材料：石材、玻璃
建筑设计：北京市建筑设计研究院 3A2 工作室
主设计师：叶依谦

关键词

光伏电池板
外立面

项目概况

　　项目用地位于北京市昌平区未来科技城北区内西北角地块。项目由研究所、培训教室、会议中心、科研办公楼、实验楼、试验车间、预留发展楼和配套公共设施构成，总建筑面积 243 100 平方米。项目核心为研发区，由五栋研发楼组成的研究所相互连接，东侧为三栋大型试验车间，西侧为科研交流中心，由培训教学楼、预留发展楼和中间的会议中心组成，它们共同构成了一个科研主题。

设计特色

　　设计中结合研发区屋面采用了 3 万平方米的光伏电池板。用地西侧布置了弧线形的三座单体，分别是主办公楼、科研楼，与主体形成了对比，自由的弧线与西侧的温榆河环境相互呼应。

　　建筑的立面形象反映了科研建筑的气质与文化内涵，高层科研楼位于自然景观绿地之中，是整个基地的核心形象建筑，设计中采用石材、玻璃为主要幕墙体系，结合温榆河的室外空间和内部庭院，成为对外交流的窗口。

01 鸟瞰效果图

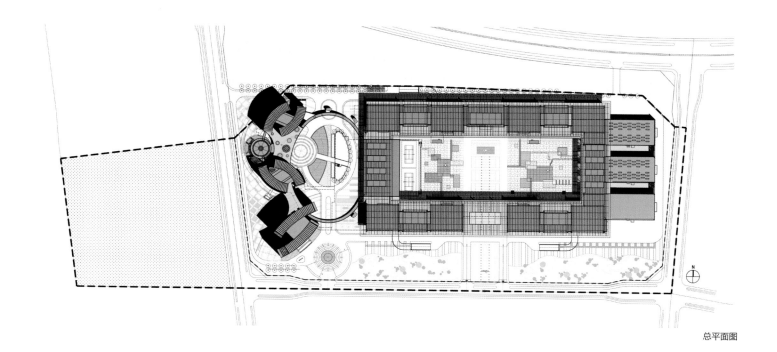

总平面图

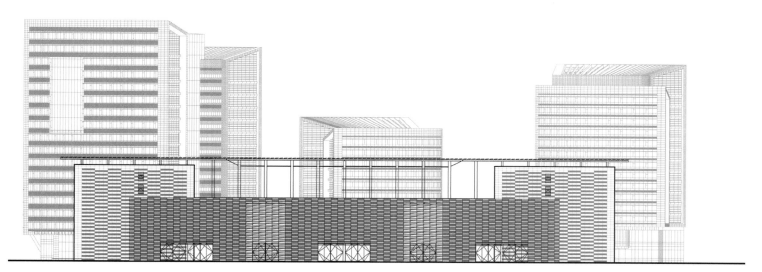

东立面图

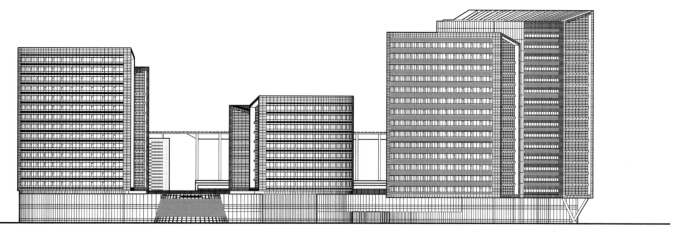

西立面图

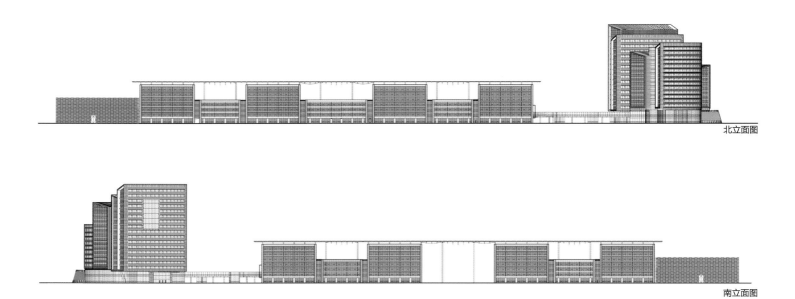

北立面图

南立面图

研发楼南立面图

研发楼北立面图

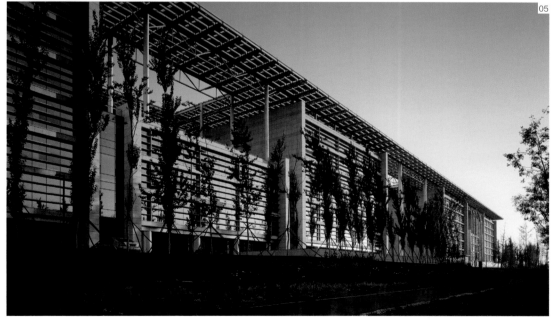

02 研发楼
03 研发楼及庭院
04 研发楼
05 研发楼及弧形连廊

06

07 08

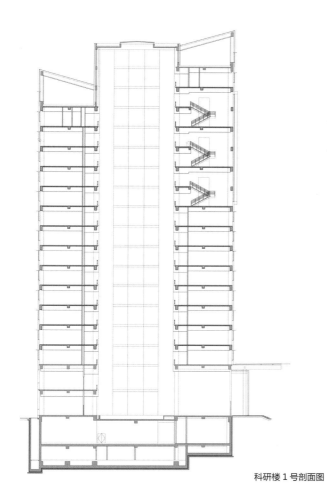

科研楼 1 号剖面图

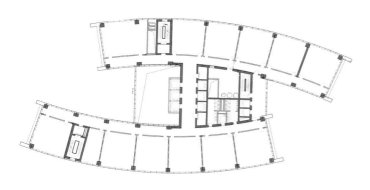

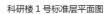

科研楼 1 号标准层平面图

06 弧线形的三座单体及连廊
07 石材、玻璃为主要材料的幕墙体系
08 主办公楼
09 科研楼

09

10 试验车间
11-12 建筑之间形成的庭院
13-14 大堂

13

14

BEIJING LOW CARBON ENERGY INSTITUTE & SHENHUA TECHNOLOGY INNOVATION BASE

北京低碳能源研究所暨神华技术创新基地

项目地点：北京昌平区
项目进度：2013 年建成
总建筑面积：325 354 平方米
（地上 28 4273 平方米、地下 41 081 平方米）
主要材料：玄武岩、玻璃、红褐色陶土板
建筑设计：北京市建筑设计研究院 3A2 工作室
主设计师：叶依谦

关键词

一轴两翼
外立面
可持续低碳园区

项目概况

　　整个项目共分为 3 个主功能区，由西至东依次为：北京低碳能源研究所、神华学院、神华研究院。其中神华学院部分采用中轴对称与院落相结合的布局方式，强化整个园区严整的整体空间效果，沿轴线由南向北共有 3 个半围合的室外院落，强化了丰富的室外空间效果。低碳能源研究所和神华技术创新基地布局模式类似，其南侧为科研办公用房及实验室，北侧为重型实验室，功能布局合理，使用便捷。园区的东北角为总动力中心。

设计理念

　　按照"一轴两翼"的构思，以位于场地中央的神华学院为中轴，以低碳能源研究所和神华研究院为两翼，打造世界级的神华研发园区。

01 科研办公楼干挂玄武岩与玻璃幕墙组合体系
02-03 科研办公楼

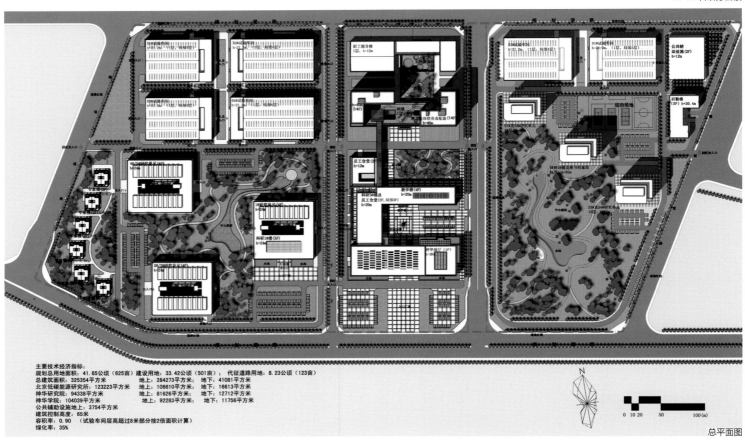

主要技术经济指标：
规划总用地面积：41.65公顷（625亩）　建设用地：33.42公顷（501亩）　代征道路用地：8.23公顷（123亩）
总建筑面积：325354平方米　　　　地上：284273平方米　　地下：41081平方米
北京低碳能源研究所：123223平方米　地上：106610平方米　地下：16613平方米
神华研究院：94338平方米　　　　　地上：81626平方米　　地下：12712平方米
神华学院：104039平方米　　　　　地上：92283平方米　　地下：11756平方米
公共辅助设施地上：3754平方米
建筑控制高度：65米
容积率：0.90　（试验车间层高超过8米部分按2倍面积计算）
绿化率：35%

总平面图

以"林海浮岛"为主要设计意向。规划层面，打造以"林海"为特征的纯自然园林景观；建筑层面，以"浮岛"为建筑的外部空间意向，在生态设计、内部交流空间等方面着重设计，提升现代研发建筑的品质。

设计特色

建筑设计

设计注重建筑形体塑造和细部推敲，着力塑造简洁、高品质的建筑形象。其中低碳能源研究所的科研办公楼和神华学院的局部采用干挂玄武岩与玻璃幕墙组合体系，以独特的岩石造型塑造神华集团独有的企业性格；神华学院的主体选用干挂红褐色陶土板与玻璃幕墙组合系统，塑造建筑特有的学院气质。重型实验室及动力中心选用干挂铝板幕墙，体现其科技美感。

可持续低碳园区

建筑采取主动式生态技术与被动式生态技术相结合的设计策略，尽量做到节能减排，力求成为可持续的低碳园区的范例。

在总体规划层面，集约利用土地，建筑单体集中布局，按照"统一规划、分期实施"的要求进行设计，同时考虑了预留发展用地；着重进行景观环境设计，营造最佳园区环境，采用雨水综合利用技术，使园区的植物群落、水体、水生动植物成为一个可自身循环的生态系统；结合地质特点，采用地源热泵技术。

在建筑设计层面，建筑单体均充分利用自然采光通风，将建筑对于空调的依赖降至最低；北京低碳能源研究所办公楼采用可滑动开启天窗，在过渡季节全部打开，充分引入自然光和自然通风；建筑外墙、屋面的保温节能措施进行适当加强，均高于现行国家和北京市地方标准，提高了建筑的保温隔热性能；局部采用光伏太阳能发电技术和光伏太阳能路灯。

二层平面图

04-07 神华学院
08 神华学院部分以干挂玄武岩与玻璃幕墙组合体系的建筑部分

室内设计

室内设计将重要的公共空间作为设计重点，如低碳能源研究所的四层通高共享生态中庭、科研3#楼（会议中心）的公共通廊、神华展厅的共享空间等，展示了研发建筑应有的空间尺度和气质，选用石材、木材、金属板等环保型材料，体现了建筑质朴的特色；重点研发实验室以使用功能为导向，充分满足实验研发条件，材料选用为科学家营造了先进、高效、人性化的实验空间，代表当今实验研发建筑的发展水平和趋势；常规办公室、培训教室、宿舍等使用空间，选用成熟材料和工艺，以简洁、实用、造价适度为导向，充分满足各类使用功能。

09 公共通廊夜景
10-11 大堂
12 走廊
13 走廊和楼梯

大堂 CF052738.jpg

ADMINISTRATIVE CENTER OF KARAMAY PETROCHEMICAL INDUSTRIAL PARK

克拉玛依石化工业园生产指挥中心

项目地点：新疆克拉玛依
项目进度：2012 年建成
建筑面积：36 513 平方米
主要材料：石材、玻璃
结构形式：现浇钢筋混凝土框架抗震墙结构
建筑设计：清华大学建筑设计研究院有限公司
主设计师：刘玉龙、姜娓娓

关键词

绿色

中庭

项目概况

　　项目选址位于克拉玛依金龙镇石油化工工业园区内，是克拉玛依石化公司的总部办公楼，分成主楼和辅楼两部分。主楼以办公和会议为主，辅楼包括会议厅、展厅、餐饮和体育活动设施。

设计特色

　　设计充分考虑当地气候特征，创造了绿色的、多层次的空间环境，主要体现在以下方面。

　　设计通过一系列不同高度和尺度的绿色庭院和空中花园，为使用者营造了良好的办公空间的氛围。在植被稀少的克拉玛依，创造建筑内部的绿化庭院更具多方面的积极意义。首先是高 12 层的绿色共享中庭，其次是每两层一个的生态舱，另外，在 11 层和 12 层办公空间的中部有空中植物温室，为工作环境增添了生机勃勃的气氛。同时，这些空间积极地帮助建筑实现了自然通风和采光；在冬季和夏季，通过地板采暖、空调系统、余热利用等，并结合中庭的烟囱效应，创造了舒适的室内环境；利用屋顶太阳能系统给整个建筑的热水系统供热；办公区域照明系统采用智能化设计。通过 DALI 荧光灯配合数字可寻址灯光镇流器，实现建

01

01 主广场

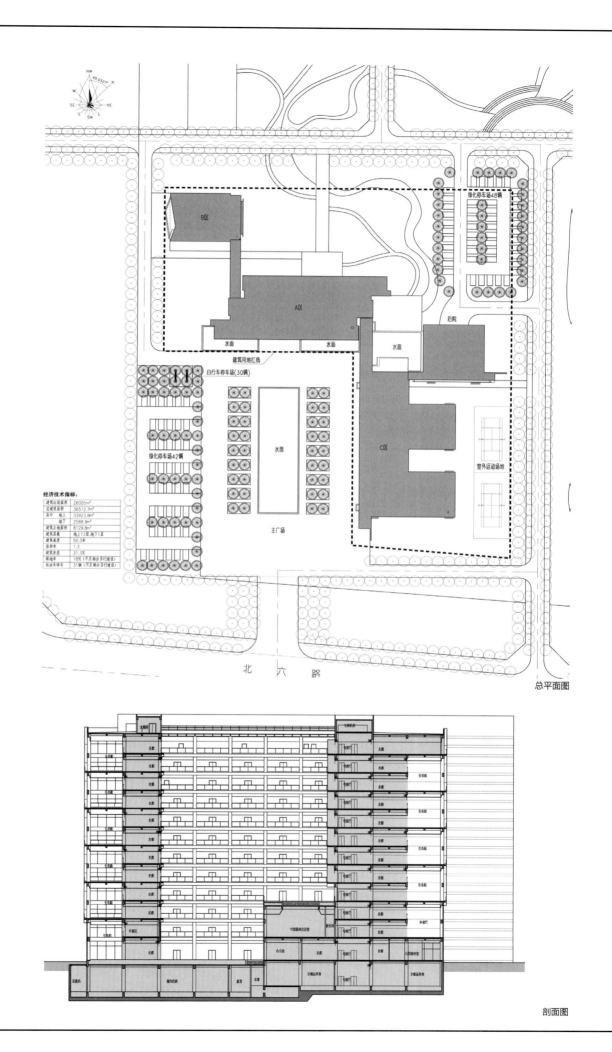

总平面图

剖面图

筑内荧光灯的单灯单控。在办公区设光感应器，自动调节灯光亮度，在保证室内恒定亮度的同时达到节能的效果；篮球馆的屋面采用了光导管技术，为场馆创造均匀明亮的光线；在外部环境上，利用湿地、水面、树林等创造绿色的景观环境。

中庭的温度、风速和日照的控制是本工程的一大难点。在暖通设计过程中，通过和清华大学建筑学院技术科学系的合作，利用CFD技术，模拟研究中庭的速度场和温度场，对中庭的设计进行检验和校正，模拟分为三个场景：冬至、夏至和春秋（非采暖季节）。设计中用清华大学日照分析软件，对12层高、10米宽的中庭的夏至和冬至的日照时间进行计算。计算结果表明，在中庭的现有尺寸和现有朝向的条件下，夏至日时，中庭首层的日照时间基本为不足1小时或不足2小时，冬至日时，中庭首层的日照时间基本为不足3小时、4小时或5小时。此结论符合设计中对中庭的期望，即冬天阳光充沛，夏天可以遮阳降温。

02 主入口
03 辅楼
04 东立面
05 报告厅
06 西立面
07 中庭

SYNGENTA BIOTECHNOLOGY RESEARCH CENTER

先正达北京生物工程中心

项目地点：北京
项目进度：2012 年建成
建筑面积：26 944 平方米
主要材料：石材、玻璃
结构形式：现浇钢筋混凝土框架抗震墙结构
建筑设计：清华大学建筑设计研究院有限公司
主设计师：刘玉龙、谢剑洪、程晓喜、吴宝智、孙峥

关键词

平面布局
外立面

项目概况

先正达北京生物科技研究实验室工程是先正达公司在中国的重要研发基地。

该中心功能复杂，内部空间设计立足于实用性，同时，还要满足其舒适性、通达性；另外，平面布局与立面造型要彰显世界领先的科技性和创新性。通过合理营造的内部空间，促使空间使用者的创造力、活力和潜能得到最大释放。

设计特色

建筑平面及功能

一期实验楼的核心为实验区，其三大功能块为：实验室、实验支持房间、实验办公。本项目通过大量的考察和结合具体使用者，即科学家团队的意见，采用了全新的组合关系和使用流线（详见平面图），完全满足了三大功能块的有机结合，大大地提高了实验的效率、公共设备的合理使用和管理、人机的要求以及人文关怀；每个实验区既相对独立又互相连通，采用了标准、合理的模数化设计，保证了发展中的可持续性和使用上的灵活性；公共会议室、健身房、餐厅等集中布置在首层，既方便使用又避免了内外人员、不同部门流线的交叉；内庭院、边庭、门廊、屋顶花园均是结合功能布置，既营造了生动的灰空间，也体现了以人为本的企业文化和人文关怀；温室通过地下室与实验楼相连，避免在恶劣天气下实验楼和温室互送种苗时的空气粉尘污染，保证了种苗的安全性。

01

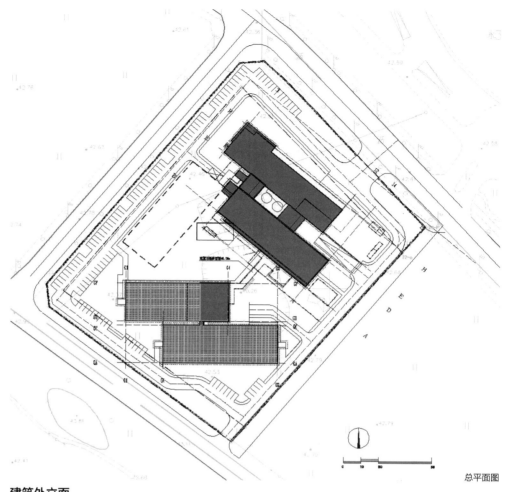

总平面图

建筑外立面

　　实验楼以功能为主线，通过高低变化、进退收放、虚实对比以及内外空间的穿插渗透，使整栋建筑的功能与外在的建筑形体达到完美的结合；外立面实墙部分主要以干挂国产石材和砖红色陶板为主，局部墙面线条采用干挂金属铝板墙面，主入口檐廊下一、二层墙面为大片玻璃幕墙；内庭院周边外窗主要为大片落地玻璃窗，通过玻璃的视觉通透性，使室内外空间得以相互穿插渗透，增加了室内工作环境的品质；温室以科技性和功能性为主线；采用轻钢结构为骨架，外面附以能够投射大量阳光的玻璃外墙和玻璃顶棚。

01-02 全景图

02

03 温室
04 局部夜景
05 内院天井
06 休息厅
07 门厅

CHINA "VOICE PARK" IN YANGZHOU GUANGLIN

扬州广陵新城信息产业服务基地——"中国声谷"

项目地点：江苏扬州
项目进度：2012 年建成
建筑面积：320 000 平方米
建筑设计：张雷联合建筑事务所
设计团队：戚威、沈开康
合作设计：扬州市城市规划设计研究院有限责任公司
摄影：姚力

关键词
庭院式布局
绿色技术

项目概况

　　项目位于扬州广陵新城，紧临扬州东长途汽车总站，项目分两期实施，总用地面积约 160 000 平方米，总建筑面积 320 000 平方米。

设计特色

内向"城"空间

　　项目由外而内形成"城"的概念，以内向的庭院式布局为主，按照中国古代传统造城理念，在南北向设计明确的中央轴线，建筑功能以庭院和轴线逐步展开，整体性突出，秩序感强烈，并呈现出丰富的层次感。

　　园区的产业功能，如呼叫产业办公、研发、孵化器等，布局以集约化为主，临基地外围布置，规整、严谨，形成"城"的界面；其公共功能，如会所、餐饮等，化整为零，布置在园区的庭院，或紧临中央轴线，自由布局、活泼生动，形成"城"的中心，同时将整个园区的建筑串联一体。

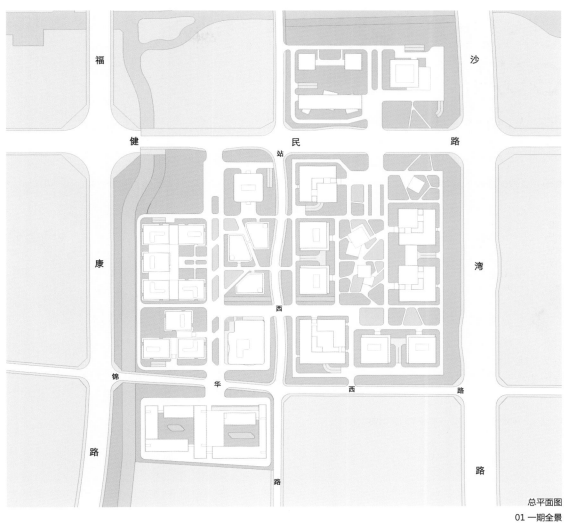

福

健 康 路

站 民 路

锦 华 西 路

西

福

沙 湾 路

路

路

总平面图
01 一期全景

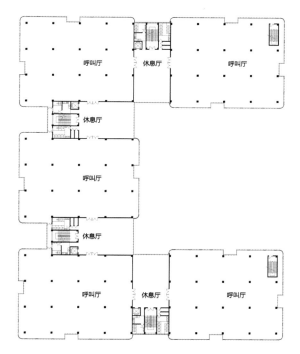

一号楼平面图

四号楼平面图

灵活的空间布局

项目单体建筑空间灵活多变，易于使用，以标准化、模块化的空间单元组织使用功能，既有利于园区土地的合理使用，又增强了空间的灵活性，满足不同规模企业的入驻需求。

02 一期建筑
03 一期建筑及景观
04 二期建筑单体

04

适宜的绿色技术

设计在充分研究了《绿色建筑评价标准》和 LEED 绿色建筑评价标准的基础上，运用绿色生态技术和材料，并着重考虑和回应项目在未来运行使用中的经济性与合理性。如庭院式布局有利于自然采光通风；木质遮阳系统能够调节室内采光，改善了室内微气候并增强人体舒适性；建筑形体简洁，形体系数较好，有利于节约能耗。

05-06 二期建筑
07-08 二期建筑单体
09 二期建筑

05

06

07 08

TIANJIN WUQING DEVELOPMENT AREA START-UP HEADQUARTERS BASE

天津武清开发区创业总部基地

项目地点：天津武清区
项目进度：2013 年建成
用地面积：148 000 平方米
建筑面积：416 000 平方米
建筑设计：DC 国际建筑设计事务所

关键词
外立面
网格内庭院

项目概况

　　基地位于天津市武清开发区。项目功能定位为以服务创业型小型企业独立办公为主、大中型企业集中式办公为辅的城市创业型总部基地。

设计理念

　　设计以"自然之城"为理念，强化规划构架，对格状进行拉伸、变形处理，形成网状肌理，将体量提升后丰富天际线变化。道路入口对城市开放，交接处插入公共系统，与城市形成互动与渗透。网格内庭院下沉，植入不同主题的庭院景观，形成立体景观系统。

01

经济技术指标表

总占地用地面积	140080m²
总建筑面积	414224m²
其中：地上总建筑面积	302919m²
计算容积率建筑面积	11331m²
建筑物裙房总面积	307/91m²
建筑密度	28860m²
容积率	19.5%
绿地率	2.05
	15%
机动车停车位总数量	128165m²
其中：地上机动车停车位总数量	1463/m²
地下汽车库建筑面积	11331m²
机动车停车位总量	2910辆
其中：地上机动车停车位数量	1060辆
地下机动车停车位总量	1910辆

B-1,B-3,B-4 总平面图

图例：
用地红线
建筑控制线
地下车库范围线

01 临河全景
02 沿公路远景

02

03

03-04 建筑单体及围合庭院
05 1# 建筑

04

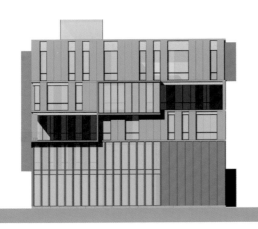

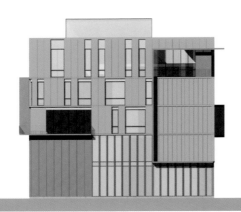

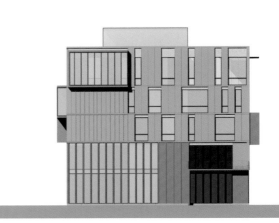

#2、#6 立面图

06 砖红色的铝板混合玻璃幕墙的整体立面风格
07 亚光白的铝板混合玻璃幕墙的整体立面风格

06

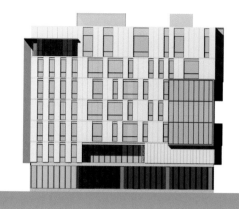

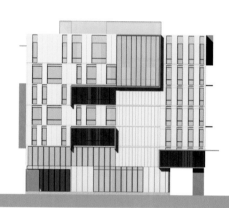

#3 立面图

07

JIA LITTLE EXHIBITION CENTER
佳利特展览创意中心

项目地点：上海松江区
项目进度：2013 年建成
建筑面积：38 000 平方米
主要材料：展厅外墙木幕墙、玻璃幕墙、工作坊外墙波形钢板、
　　　　　瓷砖、铝合金门窗系统
结构形式：混凝土结构、钢结构桥梁
建筑设计：偏建建筑设计事务所
主设计师：黄向军、成美芬、周迅
设计团队：周易昕、熊海莹、Pauline Dai、吉利君、王鹏、
　　　　　张仁杰、Beatrix Redlich
当地设计院：江苏省第一工业设计院（上海分院）
其他专业顾问：上海新泉幕墙公司（幕墙设计）、CCBADI（景
　　　　　观设计）
摄影：Cai Feng（OTOphOTO）

关键词
可持续性
幕墙系统

设计理念

对生产流程和消费的批判

　　在全球化的社会，我们不再熟悉我们消费的商品来源和生产过程，所以往往不自觉地接触到可能对我们的健康有害的物质，或者在剥削的生产方式下产生的产品。在这个项目中，虽然着重的是建立美观实用的展览空间，不过我们觉得有责任将使用者带到场景背后的制作空间，让使用者更了解生产过程。事实上，这是开明消费者现在寻求的消费经验——他们不只是购买产品，也希望多了解厂家的生产过程、设计师的理念、绿色原材料等等。

　　这个项目试图批判中国的工业生产流程。国内的工业区设计常规以最低成本为建造前提，搭建大棚和简单建筑，忽略了工人的工作环境。这个项目也意味着如何设计更有社会观念的生产空间，提供更多开放式的空间，让员工同时认识一群对应的开明消费者，从中产生一个更有人性化的工作社区和文化。

　　设计因此将展示和生产空间融为一个综合体，其中有一个核心展览厅和三个工作室及居住区。主要的空间策略是建立生产和消费的空间之间的无缝衔接关系，使游客和消费者可以通过空间更深入地理解和认识制造生产过程。这是最初设计的目的。

01

设计特色

人性化社区设计

展馆的形式、方向和体块关系考虑了建筑之间所产生的人性化尺度、人与物流及公共空间之间的关系。建筑之间的景观和庭院变成了社交区域，可以让该区域和邻里厂房的员工在其中休闲、纳凉。同时，连接主体的桥梁也构成了不同群体偶遇的地方，促进了社区"生活舞台"的气氛。

虽然展示厅多层的功能、视觉和流线对设计都有非常高的挑战性，不过这些局限也同时产生了一个独特的建筑主体。通过它的标志性，展示厅构成了基地的核心，吸引了更多的客户群和员工。

横向核心筒

项目展示厅的设计概念是一个横向的核心筒，核心筒通过钢与木材系统，清晰地表现出核心筒的方向和流线。这个毫无缝隙的核心筒在不同剖面和标高窜入其他建筑，将四个单体融为一体，基地的生产空间、办公空间和生活空间被展示流线连起来。

"横向核心筒"通过购物和展示的策略，让用户穿梭不同的空间。通过不同的桥梁，客户能穿梭在四个单体中，从展示空间无意中走到

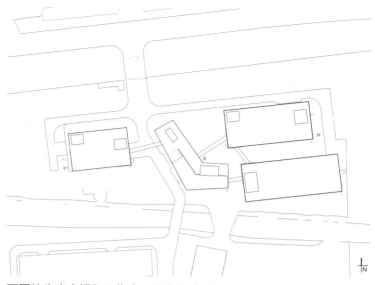

不同的生产空间和工作室。用户因此可从室内办公区域漫步到室外的桥梁，从文雅整洁的展示厅漂移到凌乱的工作室，从休闲咖啡厅闲逛到艺术廊。桥梁和景观梯嵌入建筑时产生了新的公共空间，也模糊了前场、后场的常规分割线。这样，消费者和员工之间的隔阂也能被溶解。

01 全景图
02 展示厅东北立面及庭院景观

02

| loft ateliers west | exhibition hall | loft ateliers south | south elevation |

立面图

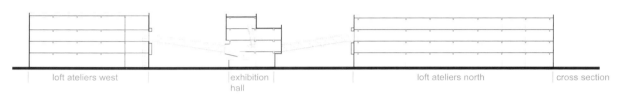

| loft ateliers west | exhibition hall | loft ateliers north | cross section |

剖面图

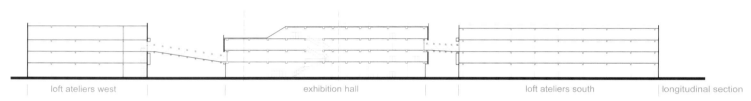

| loft ateliers west | exhibition hall | loft ateliers south | longitudinal section |

剖面图

03

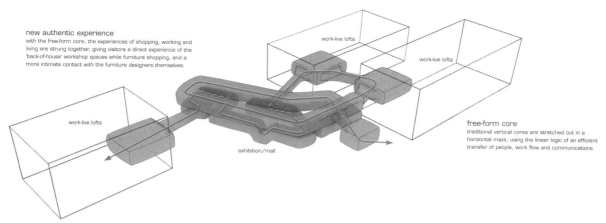

new authentic experience
with the free-form core, the experiences of shopping, working and living are strung together, giving visitors a direct experience of the 'back-of-house' workshop spaces while furniture shopping, and a more intimate contact with the furniture designers themselves.

work-live lofts

work-live lofts

work-live lofts

work-live lofts

exhibition/mall

free-form core
traditional vertical cores are stretched out in a horizontal maze, using the linear logic of an efficient transfer of people, work flow and communications

四个建筑单体间的连续流线

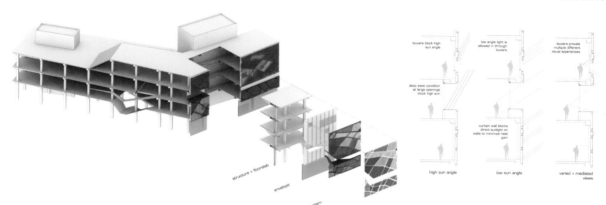

structure + floorslab

envelope

curtain wall system

louvers block high sun angle

low angle light is allowed in through louvers

louvers provide multiple different visual experiences

deep eave condition at large openings block high sun

curtain wall blocks direct sunlight on walls to minimize heat gain

high sun angle

low sun angle

varied + mediated views

日照分析研究

03 展示厅西立面
04 内庭及展示厅东北立面

04

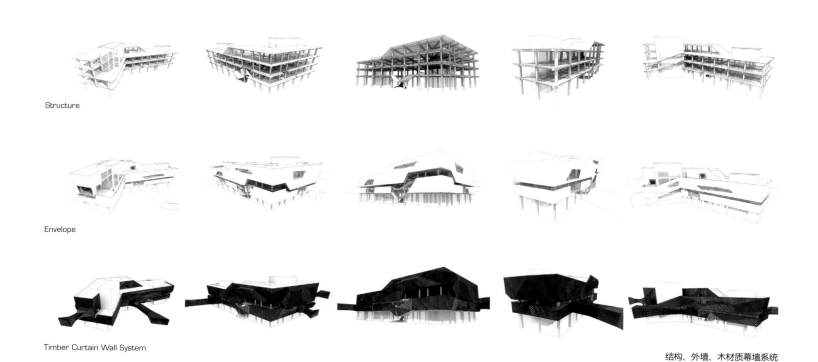

Structure

Envelope

Timber Curtain Wall System

结构、外墙、木材质幕墙系统

可持续性设计

这个项目主要的可持续设计之一是展示厅的幕墙系统。这个幕墙系统是由松木构成的。通过多达 12 种不同的百叶布局也营造了室内更丰富的视觉效果，如遮阳、隐私隔扇等。同时，幕墙系统也加厚了建筑的外围。外围的空间对节能和功能利用也有相应的效果。例如，我们在落地窗部分设计了比较深的屋檐，在降低热增益的同时开阔了室内的场景景观效果，同时幕墙系统也遮蔽了大量的粉刷墙，减少了整个展示厅的用电量。

工作区、生活区的设计重点突出的是它外立面垂直的纹理。这些垂直的纹理不仅使得工作区、生活区有了竖向的窗系统，同时也满足了采光和通风的前提下，为建筑保持一个紧密的保温轮廓。

项目建设费用并不高，费用的限制也促使设计将以上简单的绿色建筑策略放大为建筑的根本形态。与其他项目通过昂贵的表皮高科技手法相比，该项目将低碳、环保、可持续概念作为设计的框架，同时带给建筑抢眼的标志性。

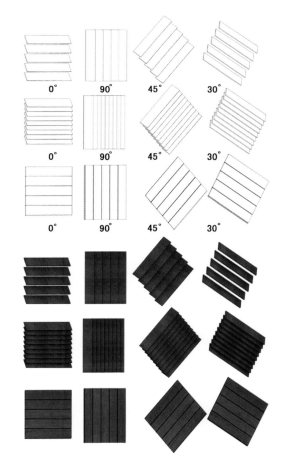

05 室外连桥
06 展示厅西立面及连桥
07 木质百叶窗立面

百叶窗布局

FUZHOU STRAIT CREATIVE INDUSTRY PARK

福州海峡创意产业集聚区

项目地点：福建福州
建成时间：2013 年
建筑面积：57 000 平方米
容积率：1.14
建筑设计：水石国际

关键词
改造
立面

项目概况

　　该项目位于福州市仓山区金山投资区内，该区是十二五期间政府拟打造的全国重要文化产业基地，是国家确立建设的海峡两岸文化产业园和文化产业合作中心。

设计理念

　　项目旨在整合海峡两岸设计类产业资源，打造以漆器文化的再生和产业化发展为特色的综合性设计产业园，形成福州乃至全省范围的标杆性创意产业聚集区，从而促进地区文化创意产业发展，推进产业结构调整，提升产业能级和地区经济水平。通过以漆器为主题的传统手工艺的再生，以此来实现传统文化的产业化发展。

01

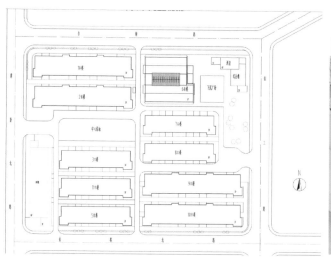

01 鸟瞰图
02 模型
03 远景

设计特色

规划形态

　　该区总用地面积为 50 096 平方米，前期启动区部分包含台湾设计中心和福州漆器产业促进中心等园区核心业态，利于快速形成区域热点。项目分为三类业态，即文化展示、商务办公、时尚休闲，最终形成综合性设计产业园。

建筑改造

　　改造前建筑单体造型及内部平面布置均比较单调，传统工业厂房的规划结构，场地环境较为凌乱。设计合理利用原有建筑规划特色，进行适当整合，将核心业态进行有效布置。

立面改造原则

　　根据重点突出、合理投控的原则，立面改造分为四种类型进行改造。核心区域及主要沿街形象面为改造重点。

04

05

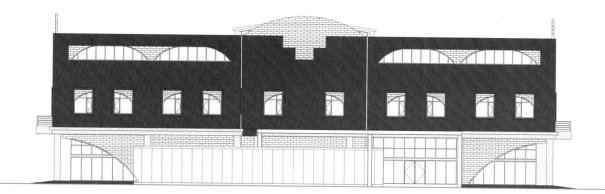

6 号楼东立面图

6 号楼西立面图

04 3 号楼夜景
05 7 号楼夜景
06 6 号楼

06

13 14

15 16

QINGDAO HISENSE R&D CENTER
青岛海信研发中心

项目地点：山东青岛
项目进度：设计中
建筑面积：400 000 平方米
主要材料：石材、面砖、玻璃
建筑设计：水石国际

关键词
网格化的规划
平面布局

项目概况

  海信新研发中心位于山东省青岛市崂山区，距离市中心约 20 公里，东临滨海大道，南临天水路，西北侧为规划中的涧西路，用地面积 28 万公顷，地上建筑面积约 400 000 平方米，容积率 1.45，建筑高度 24 米，根据海信集团需求分两期建设。

  海信集团是国内最大的黑色家电研发生产企业，新的研发中心是海信全部类型业务的研发基地，是企业升级扩容发展的孵化器，也是海信展示企业文化的中心。设计旨在达到四个目标：提供永续发展的科技创新研发空间；打造吸引未来国际人才的人文建筑形象；融入人居和自然的国际大企业形象；符合政府环境规划的山林城市景观。

01

01 鸟瞰图
02 局部鸟瞰图

总平面图

设计特色

规划布局

建筑组合不仅要符合企业科技研发工作的需求，同时要符合政府规划要求，充分尊重自然地貌，建筑体量高低错落随山势起伏，形成整体的生态园区形象。用地以正南北向正交网格进行布置，网格化的规划框架提供了均质性、通用性、可变性的规划设计基础，同时考虑到了建筑以南北朝向为主，在网格的轴线上布置建筑单体，即标准层面积 2 000 平方米的矩形单元，这种布局可以保证建筑单体、建筑组团、建筑片区的通用互换与灵活拓展。用地有一条排洪沟，此处将成为一条水系，同时根据生态理水原则和青岛水文数据进行测算得出园区需要一个面积约 3.5 公顷的以水体为中心的生态公园。园区的后勤保障中心和学术交流中心主要布置在地块中央临近公园的位置以便服务整个园区。沿滨海大道一侧设园区主入口，彰显国际化科技企业大气稳重的形象，北侧设置两处园区次入口满足日常交通需求。

建筑设计

研发建筑群从西至东分为 A、B、C 三区，分别设置黑色家电、高新技术、白色家电这三大类研发部门集群，每个集群各自分成一期和二期建设，分别应对未来五年和十年的需求。在二期整体形象尚未形成之时，设计还要考虑一期形象的相对完整性。集群中的各个部门对楼层、朝向、采光、景观、交通、面积、柱网的需求大相径庭，它们不仅要在一期建筑中拥有合适的空间，还需要方便地向二期预留空间拓展。大体上建筑底层主要功能是采光需求较弱的大型实验室和车库，立面采用深色石材形成基座与山地结合；基座上面是多层办公，立面采用红色面砖；建筑单元体之间是交通和公共交流空间，立面采用玻璃幕墙。建筑整体塑造出兼具人文感和科技感的企业形象。学术交流中心坐落于园区中央的水体旁边，功能包含贵宾接待、大型会议、产品展示，形象新颖独特，是园区标志建筑和企业精神象征。两个后勤保障中心位于园区北侧，功能包含餐饮、健身、医疗等，为员工生活提供便利的服务。

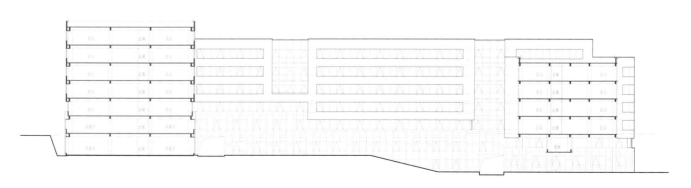

2-16 轴剖立面图

03 沿路入口
04 建筑单体与生态公园

景观设计

　　整个园区景观设计同样秉承经济、美观、适用的原则，师法自然，尊重环境，既保证整体环境的原始自然趣味性，又在重点区域打造符合大型功能需求的活动场地与空间。材料选择经济，植物配置考究，空间设计丰富,功能组织流畅,景观设计与园区活动形成有机的统一体。项目基地位于青岛崂山区一块地形丰富的崂山余脉山坡地之上，景观在满足其研发园区使用功能高效快捷的同时希望园区融入自然山体的优美风景之中，设计利用基地山体冲沟规划一个包含生态水系的园区

内山体公园，满足园区各种公共活动要求，也形成了整个园区的生态核心景观区，与主入口、交流中心、参观路径等重要节点相衔接。受到造价要求限制，景观找到一条"顺势而为"的设计方法，充分利用现有资源，最大限度依附现状地形地势设置道路和景观形式，在满足造价同时形成融入自然风景的研发园区景观。

16-2 轴剖立面图

05

06

07

08

05 学术交流中心
06-07 研发大楼
08 研发大楼与后勤保障中心

SHENZHEN UNIVERSIADE SOFTWARE TOWN UPGRADE RECONSTRUCTION PROJECT

深圳市大运软件小镇升级改造工程

项目地点：广东深圳
项目进度：2013 年建成
建筑面积：64 420 平方米
主要材料：涂料、铝板、透水砖、青砖、混凝土
结构形式：钢筋混凝土结构
建筑设计：PURE 建筑师事务所
当地合作设计：深圳星蓝德工程顾问有限公司
主设计师：黄晓江、施国平
摄影师：张超

关键词
改造
立面

项目概况

　　大运软件园占地 140 000 平方米，共有近 70 栋建于上个世纪的多层厂房与宿舍。基地位于大运轻轨站旁，资源优势明显，未来将规划为大型城市综合体。但距离地块成熟推动尚有近 10 年的时间。利用这个时间段的中空，区政府争取到市里政策扶持，将本项目作为市级综合整治试点来打造示范性高科技软件园区。针对原厂房分属于多个不同属性的业主的特点，城投公司一方面采取了统租的方式，集中进行大部分园区建筑的改造与经营工作；对少量私营业主，鼓励其在满足园区总体规划要求的前提下自主改造与经营，实现政府主导与社会参与相结合的崭新开发模式。

设计特色

在园区的规划中，设计首先打破单一功能，结合现有建筑的特点规划了办公、居住、商业、生活娱乐等多种业态，打造符合现代生活使用需求的综合性科技园区。其次，通过设置尺度合适的"街道与园"的空间（包括公共广场与专属庭院），提供了一种丰富的集群空间体验；在城市空间的公共性与个体使用者的专属性中间寻求平衡，让园区一方面成为当地社区的公共活动中心，又满足了未来入住企业自身的灵活功能需求。商业和生活娱乐功能结合主要的活动广场与城市街道布置，创造较高的商业价值；办公则沿着步行的内部主街布置，且每栋建筑都有自己的院子作为内部员工活动的专属区域；居住则主要布置在办公的后侧相对较安静的地方，有独立的出入口进行管理，保证私密性与安全。

01 改造后建筑立面
02 临大运轻轨站建筑立面

03

04

03-06 改造前后建筑对比

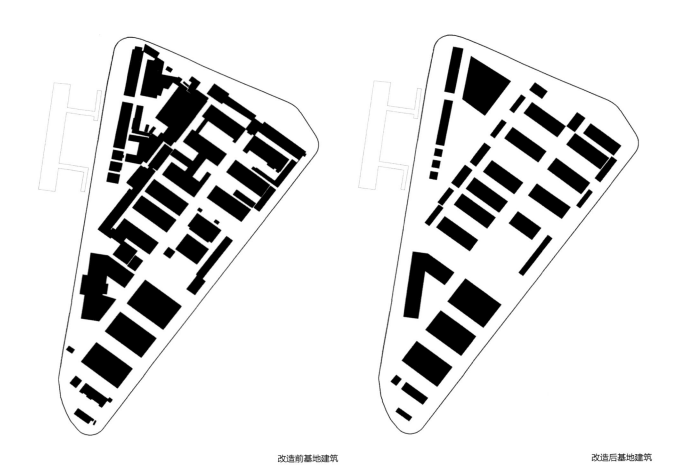

改造前基地建筑

改造后基地建筑

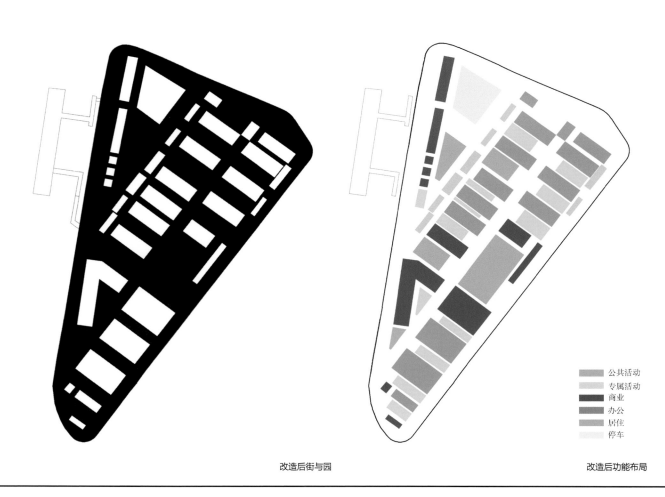

改造后街与园

改造后功能布局

公共活动
专属活动
商业
办公
居住
停车

平面图

山体公园

中央广场

博居

活动广场

入口广场

活动广场

人行次入口

人行主入口

车行入口

地铁站

车行入口

龙 岗 大 道

N

07

07 改造后建筑

08-09 改造前后建筑对比后
10-11 室内

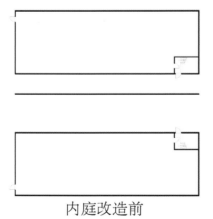

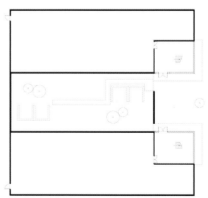

内庭改造前

内庭改造后

内庭改造前后对比图

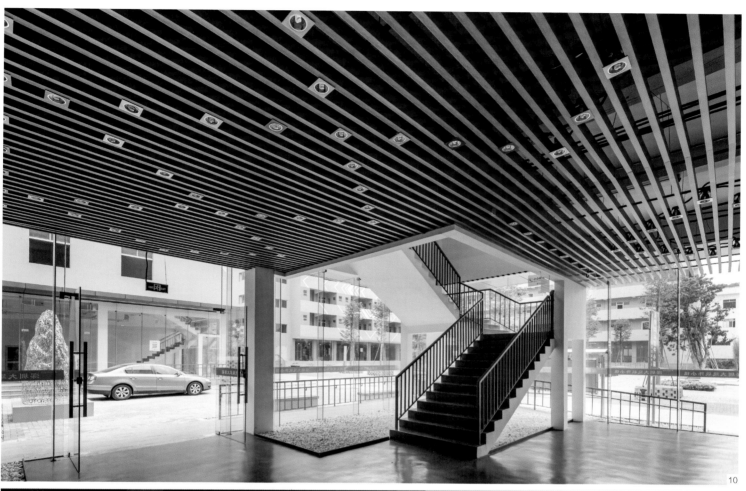

SUZHOU INTERNATIONAL SCIENCE & TECHNOLOGY PARK PHASE VII - NANO TECHNOLOGY INCUBATOR BASE

苏州国际科技园七期——暨纳米技术孵化基地

项目地点：江苏苏州
项目进度：2014 年建成
建筑面积：400 000 平方米
建筑设计：德国 FTA 建筑设计有限公司

关键词
产业园区

项目概况

项目位于苏州金鸡湖大道北侧，吴松江南侧，地理位置优越，交通条件良好。东西向与城市建立了较好的连接。

项目发展基于纳米产业的发展特征，力求以世界级纳米研发高地、纳米人才高地及产业高地的发展姿态，为苏州工业园发展模式的跨越与升级增添动力。

设计理念

项目打造基于纳米产业的办公研发、实验生产、展示交易、生产配套、生活配套五大功能。以复合化的功能、完善的配套打造一站式纳米产业园。

项目通过"塑核、引绿、筑园"，形成"一个核心、四大板块"。塑核，即塑造一个绿色客厅；引绿，形成"C 型生态绿地"，串联整个园区；筑园，即打造四个功能组团，形成花园式的办公群落。

01

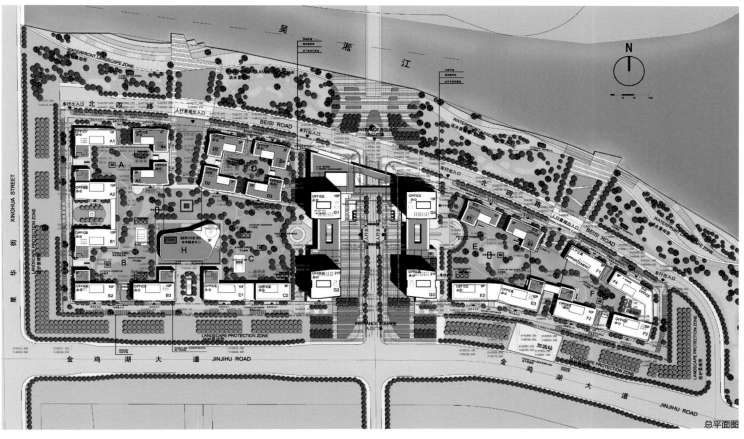

总平面图

03 沿吴淞江效果图
04 沿吴淞江滨水效果图
05 沿金鸡湖大道日景效果图
06 在建实景图

05

06

878 CREATIVE ZONE
北京阳光878

项目地点：北京朝阳区
项目进度：2012年建成
建筑面积：64 450 平方米
建筑设计：北京三磊建筑设计有限公司
主设计师：张华

关键词
集装箱
中庭

项目概况

    本项目位于朝阳区酒仙桥区域，原为八七八厂区，紧临北京自发兴起的著名的文化产业基地——七九八文化产业区。

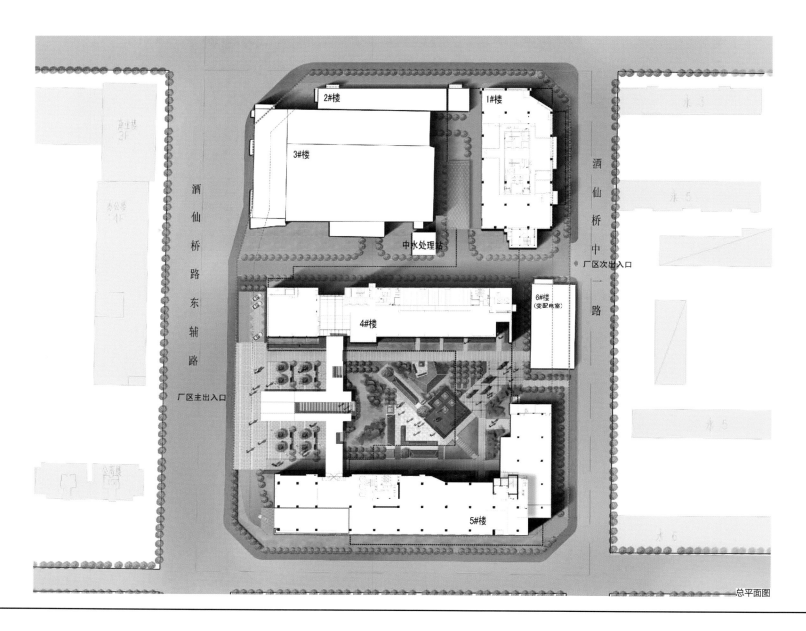

总平面图

设计理念

建筑以"集装箱"为元素，体现厂区所特有的工业感，并巧妙地与 LOFT 内部空间需求相结合。

根据功能需要，设计将建筑空间化整为零，与院落景观合为一体，形成尺度亲切、柔性而多层次的内向型空间。

室内外界面的通透使空间变得开放活跃。中庭上下空间达到最大限度的连通与渗透，使各区域在视线上相互交流，形成看与被看、内与外的关系，营造出充满动感、激情和创意的空间特质。

建筑与环境景观交错契合，相互沟通、融为一体，建筑内外空间相互延展，构成不同尺度与气氛的交流空间。

01 入口
02 集装箱造型的建筑单体

03 集装箱造型的建筑单体
04-05 架空的连廊
06-07 室内中庭

度假　酒店　会所
RESORT & HOTEL & CLUB

HENGMAO JINLUO BAY YUQUAN VALLEY INTERNATIONAL LEISURE RESORT

恒茂·金罗湾御泉谷国际休闲度假村

项目地点：江西宜春
项目进度：2013 年建成
建筑面积：139 860 平方米
建筑设计：日兴设计·上海兴田建筑工程设计事务所

关键词

因地制宜

空间布局

项目概况

　　项目位于江西宜春市靖安县金锣湾风景旅游区。这里森林资源丰富，负氧离子充足，被称为"森林氧吧"，青山环绕绿水，景色秀美宜人，加之天然温泉的涌出和度假设施的逐步完善，成为江西新的休闲度假胜地。

设计理念

　　遵循"建筑融入自然环境"的设计原则，设计充分利用基地自然起伏的山形水势及景观资源，创造出具有山水特色的"优雅仙居"。建筑顺应地形起伏与韵律，因地制宜地确定建筑标高，通过空间布局和组织使每栋每户都能与周边优美的自然景观有视觉的交流。有着浓厚乡土文化特色的山地建筑营造出休闲度假多元的个性化的空间，设计注重情感、自然和文化的融合，构筑了一个令人流连忘返的度假休闲环境。

1. 集中式地面停车场
2. 条石广场
3. 镜面叠水
4. 室外温泉
5. 亲水平台
6. 岩石森林
7. 碧桃花语林
8. 阳光草坪
9. 清泉梯田
10. 鸟的森林
11. 滨水台地园
12. 飞泉瀑
13. 两岸平桥
14. 滨水步道
15. 三山岛

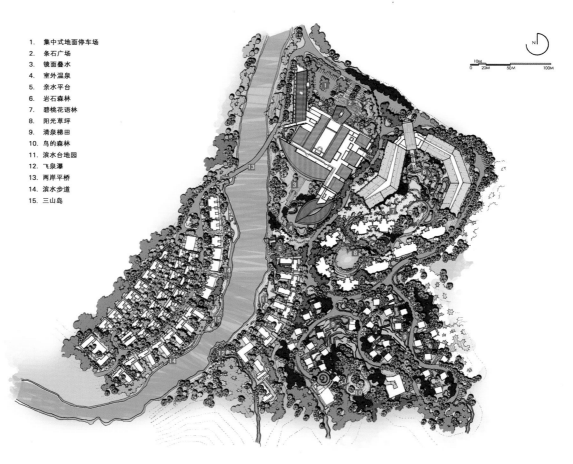

总平面图

01 酒店大门
02 鸟瞰图

03

04

05

03 酒店远景
04-05 酒店中庭
06 中轴

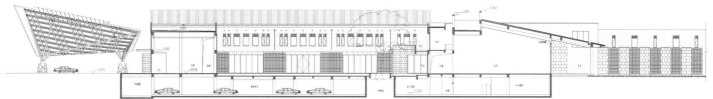

1-1 剖面图

3-3 剖立面图

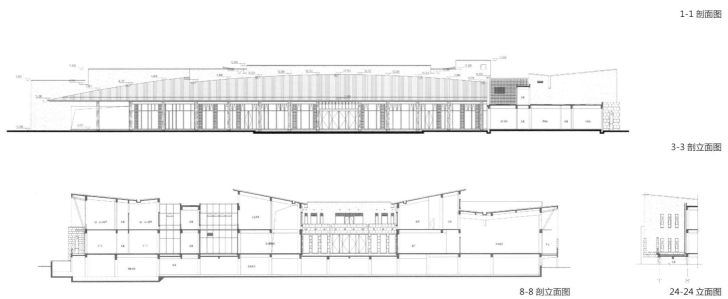

8-8 剖立面图

24-24 立面图

07 俯视图
08 温泉池

11-11 剖立面图

12-12 剖立面图

10-10 剖立面图

13-13 剖立面图

18-18 剖立面图

23-23 剖立面图

16-16 剖立面图

08

露天浴室（Outdoor bath for man）
「水音」をテーマにした庭に面する。ししおどしや水琴窟の音を楽しめる。

露天浴室（Outdoor bath for woman）
「光」をテーマにした庭に面する。灯篭の池や木々の木漏れ日を楽しめる。

消毒空間（Disinfection space）

厠所（Toilet）

淋浴（Shower booth）

服务接待（Service reception）
施設案内、スタッフの控えスペースとなる。

酒吧・休息室（Bar&Lounge）
川や山並みを望みながら、軽食、アルコール等を楽しめる場所。

广场（Plaza）
男女の待ち合わせ広場。ベンチやタオル・バスローブ掛けを設ける。

丝柏浴室（Hinoki bath）
檜を使った日本の伝統的なお風呂。大人数で楽しめる風呂。

美容＋健康浴室（Beauty and health bath）
ミルクによる中温浴、付ベッド等のサポート、電気風呂、ジェット風呂付。

干式蒸室・冷水浴室（Dry type sauna & Water bath）
乾式サウナで体を温めて、水風呂で冷やす。代謝をよく健康・美容によい。

蒸汽蒸室・冷水浴室（Mist sauna & Water bath）
ミスト室で体を温めて、水風呂で冷やす。代謝をよくし健康・美容によい。

炉浴室（Tubo bath）
緑に囲まれた静かな場所に一人、カップルなどの少人数で楽しめる風呂。

睡浴室（Sleep bath）
傾きが浅い寝椅子で、寝ながらリラックスして入れるお風呂。

岩浴室（Stone bath）
外界の景を見ながら楽しめる風呂。

内外浴室（Inside and outside bath bath）
お風呂に入りながら内から内外を行き来できる風呂。

药用植物浴室（Medicinal herb bath）
薬草、季節の花、果実を浮かべた風呂。季節によって内容が変わるイベント風呂。

隐浴室（Secret bath）
池のそばの囲まれた場所にあり、水音を聞きながら入る落ち着いた風呂。

脚浴室（Foot bath）
浴衣のまま、足を湯につけて体を温められる。南に傾斜があり、回遊することで足つぼを刺激する。健康になる。

土蒸室・冷水浴室（Mist sauna & Water bath）
日本古来の土サウナで体を温めて、水風呂で冷やす。代謝をよくし健康・美容によい。

厠所（Toilet）

机器室（Machinery room）

炉浴室＋睡暖床
（Tubo bath＋Warm bed）
岩盤浴も楽しめるプライベートな風呂と休息所

瀑布（Cascade）
ダイナミックな水落ちを見て楽しめる。

池子（Pond）
池内の魚や蓮などの植物をみて楽しめる。

温水游泳池（Warm swimming pool）
游泳池绊床（Poolside bed）
川や山並みを楽しみながら入れる風呂。夏期は冷水で、冬期は温泉と調整する。

睡浴室（Sleep bath）
空を見ながら入る風呂。

炉浴室（Tubo bath）
囲まった場所にあり、森に囲まれて静かに入る風呂。

PLAN-A
Master plan Scale 1:200

N

0 1 3 5   10m

温泉区方案深化

09

10

11

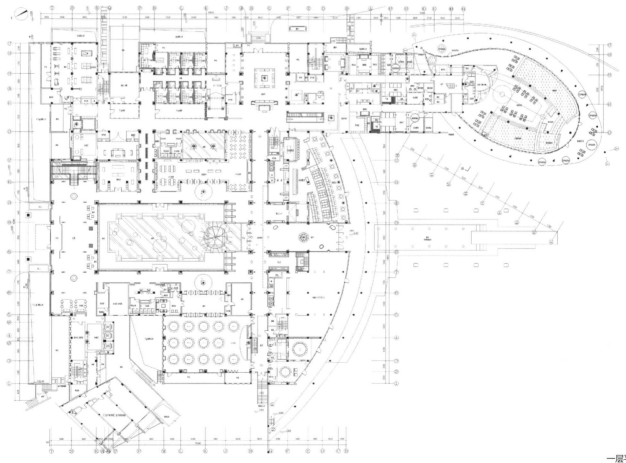

09 儿童池
10 一楼御泉廊
11 中餐厅外围

一层平面图

GUANGZHOU ZENGCHENG WANDA REALM

广州增城万达嘉华酒店

项目地点：广东广州
项目进度：2014 年建成
建筑面积：36 000 平方米
主要材料：铝材、玻璃
建筑设计：HMD

关键词
立面
锥体造型

项目概况

广州增城万达嘉华酒店为万达集团旗下标准五星级酒店，地处广州增城 CBD 核心的万达广场商圈，毗邻大型商业中心、万达 IMAX 影城等多功能城市商业体，集居住、休闲、娱乐、办公、文化于一体，主体建筑地下 2 层、地上 17 层，总面积达 3.6 万平方米。

设计特色

项目立面强调竖向，并采用浅色调以减弱建筑体块对视觉的冲击，楼层间玻璃倾斜拼接，从而丰富立面造型，增强建筑空间感受。

01

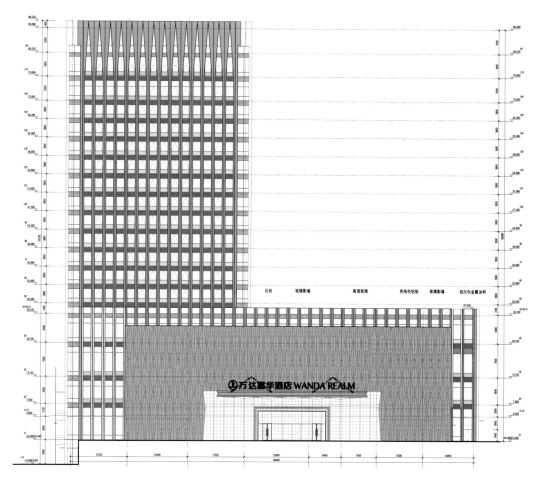

石材　玻璃影墙　　高透玻璃　　亮银色铝板　玻璃影墙　银灰色金属涂料

万达嘉华酒店 WANDA REALM

轴立面图

竖向铝材突出墙面的处理手法，突显出建筑主体挺拔且富张力的特性，主体与裙房顶部采用收缩处理，更加使得建筑极具活力，同时也增强了建筑空间的层次感。

灯光增强了立面设计语言，锥体造型在灯光下动感十足，交错中又不失秩序，而玻璃下凹部分更显深邃。

主入口简洁大方，超长悬挑的雨棚，采用金属铝材增强厚实感受，磅礴气势油然而生。雨棚顶部延续主体建筑三角锥建筑语言，金黄色半透明材质与入口门框石材更加突显建筑的高贵气质。

细部设计注重材质转换时的拼接处理及相同材质的分隔比例，而铝材与玻璃幕墙的锥体造型形成了强烈的虚实对比。

01 主入口
02 北立面

323

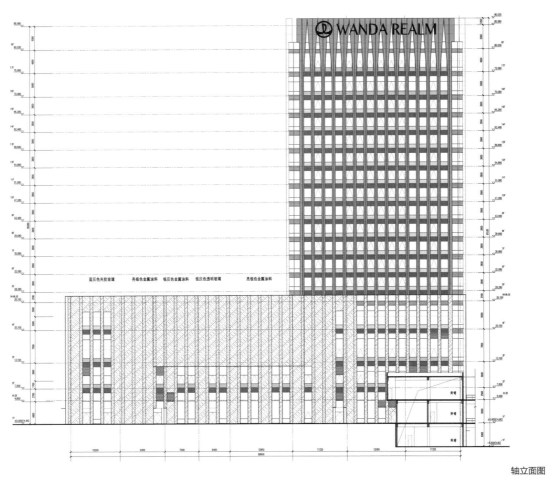

轴立面图

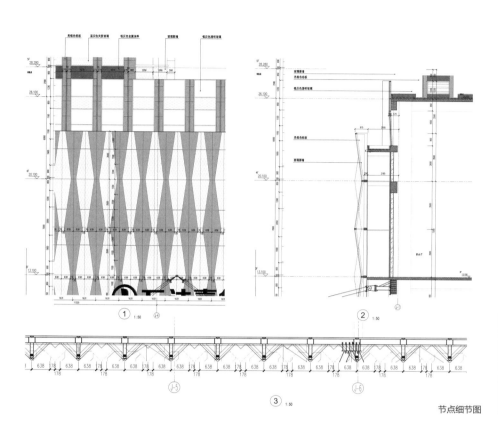

节点细节图

03 正立面
04 夜景
05 立面细节夜景
06 立面细节

06

HUMBLE HOUSE
寒舍艾丽酒店

项目地点：台湾台北
项目进度：2013 年建成
基地面积：6 373 平方米
建筑面积：4 999 平方米
主要材料：铝板、玻璃
结构形式：钢骨结构
建筑设计：姚仁喜 | 大元建筑工场
主设计师：姚仁喜
设计团队：吕恭安、高敦瑞、陈瑞原、张凯智、仇康、王丹熙、
　　　　　刘康钺、郑涵云、曾建豪、廖蔓菁、朱志年
摄影：郑锦铭

关键词
外立面
三角形光角窗

项目概况

　　稠密的台北市中心，高耸的商业大楼以空中步道相连，其中寒舍艾丽酒店就位于寸土寸金的信义区仅存的几块空地上，因此成为信义区重要的精华步道。

设计理念

　　本案的设计有三大主要空间：主楼是拥有 250 间客房的商业酒店，建筑基座设立一家购物中心，地下三至五楼作为停车场与技术设备区。大楼改造了"风车状"的平面配置并适度运用，确保较小的客房也能享有最开阔的视野。餐厅、舞厅、会议区、水疗中心与游泳池等公共区域设置在客房正下方，占据建筑物的中段部分。一楼是购物中心，酒店也提供一大片广场，方便旅客下车或举办不定期活动。

　　建筑外部采用三角形广角窗，赋予整栋大楼有趣的节奏感，同时能开拓小客房的视野。建筑基座采用不同的电镀材料，包括弧形玻璃板、冲孔金属网、透明与半透明玻璃墙，构成一个生动的外观，反映出内部多样化的空间机能。

01 入口
02 建筑及周边环境

03

04

03-04 仰视外立面
05 外立面细节

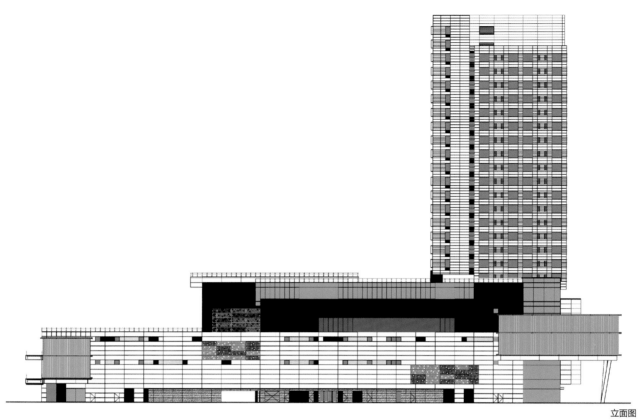

立面图
06 外立面局部
07 外立面细部
08 基座外立面细部

06

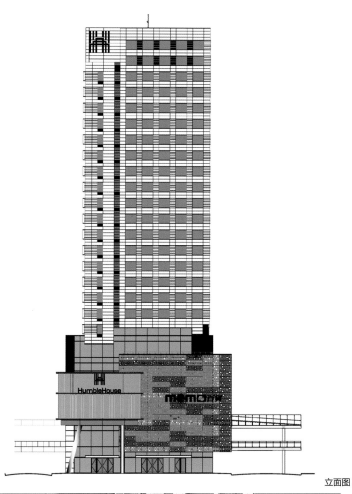

立面图

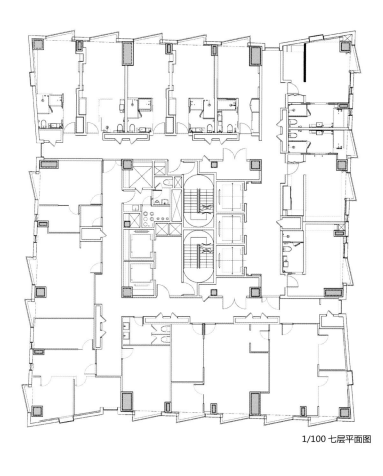

1/100 七层平面图

07

08

SOOCHOW CLUB
姑苏会

项目地点：江苏苏州
项目进度：2013 年建成
用地面积：21 000 平方米
总建筑面积：25 000 平方米
规划设计、建筑设计：AAI 国际建筑师事务所
建筑设计团队：孙青、朱伟琳、王丹丹、Eva Le Peutrec、
　　　　　　　尚冰、赵琪豪等

关键词
建筑与景观亲密融合

项目概况

　　项目东、南两向拥有金鸡湖湖景，西侧紧临已建的水巷邻里商业区，北侧与李公堤风情水街隔湖相望，享有着得天独厚的景观资源。项目包含五个独立的建筑，沿湖的两层高，余下皆为三层高，是一个顶级企业商务会所区。

设计特色

规划设计

　　建筑整体布局上，考虑到有限的湖岸线，不仅尽力"取景"，更立足于"造景"。面积较大的三栋单体沿湖布置，利用层层退台，尽可能多地将湖景资源向内延展。基地内部较小的两栋单体，则利用建筑多变的空间组合，造出趣味幽雅的园景，从而达到景观资源的平衡。

　　沿湖设置的开放式公共步道，直接连接西北角李公堤廊桥与东南角游艇码头，完成水巷邻里商业步行网络与自然公园的衔接。而场地内部与滨水步道天然存在的两米高差，足以保证基地内部景观与空间的私密性，与城市空间既相互渗透，又内外区隔。

　　围墙将城市的喧嚣隔离，穿过厚重的铜制大门，建筑师更多想展现的是建筑背后所蕴含的大隐于市、低调奢华的人文气息。

建筑与景观

　　建筑与景观亲密融合，是姑苏会建筑的一大特色。如传统苏州园林一般，建筑、景观与内部空间互相渗透、融合。除了将餐饮、会议、娱乐、住宿等功能布置其中，利用丰富多变的庭院景观提升周边功能空间的品质，建筑师着力营造的是富有精神性内涵的建筑场所，使得内部空间互相流动，给予到访者如同游走苏州园林的体验感。

　　通过建筑形体的变化，以及对墙、院、水、壁、窗等传统元素的运用，将庭院空间划分为开放、半开放、半私密、私密四个不同级别，分别与之相对应的功能空间组合。各单体之间的景观空间也通过院墙的围合，融入建筑内部及周边，巧妙地在"见"与"不见"之间造景生情。

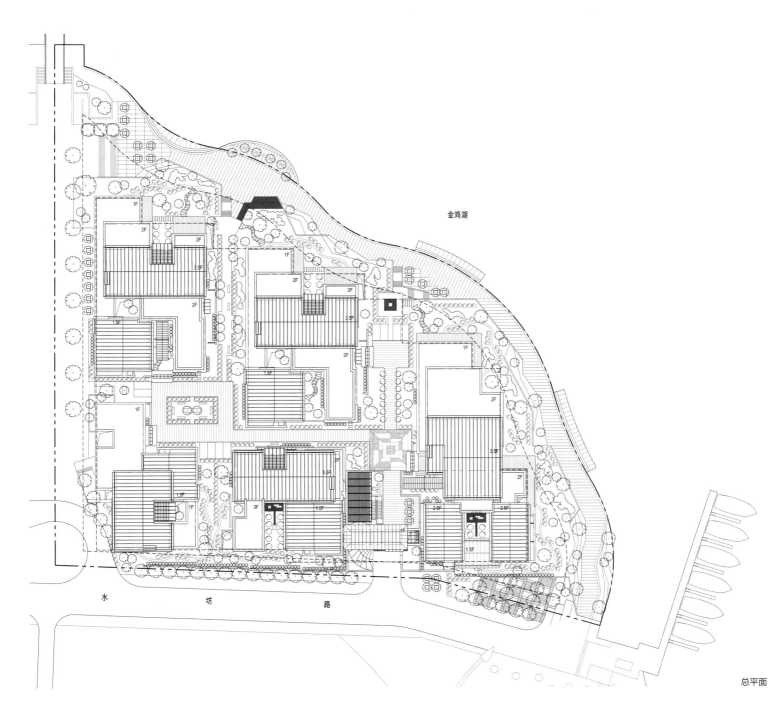

金鸡湖

总平面

01 沿湖全景

01

02-03 会所入口
04 会所单体

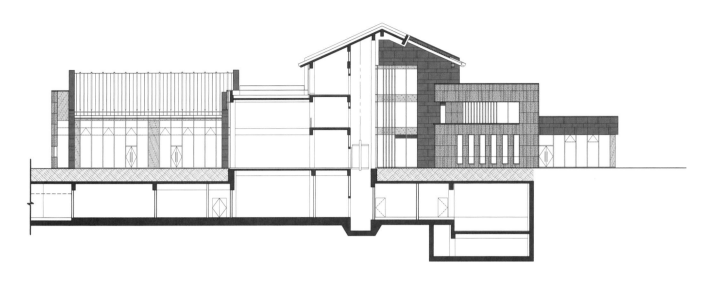

单体 A 内庭院剖立面

造型与材料

　　充分利用各种材料的特性展现不同的传统语汇，更是设计的精髓所在。呼应水巷邻里商业的设计理念，设计将传统元素与现代材料、手法相结合。例如深灰色亚光石灰石、白色光面珊瑚石、深灰色金属屋面及蓝灰色玻璃幕墙，既体现中式建筑黑、白、灰的水墨意境，又表现时代感。白色光面珊瑚石被刻意地划分成竖向的不规则肌理，与山墙面竖向条窗结合，犹如清晨的细雨，绵绵如丝。透过观光电梯玻璃幕墙外的实木百叶欣赏庭院内风景，仿佛置身竹林深处。窗花格栅等细部装饰配以天然原木，突显"隐、雅、逸"的空间气质。

景观

　　南北向两条通透的景观主轴形成水坊路与对岸李公堤的视线穿透，将基地内部景观与金鸡湖湖景不自觉地融为一体同时将建筑与庭院相结合。设计在"见"与"不见"之间造情造景，化解建筑密度与景观品质的矛盾，同时与周边场地形成多个收放空间，将内部景观与城市景观相互渗透。东侧及北侧滨水区绿地利用天然高差，结合缓坡、台阶等景观元素，使基地内部景观与城市公共景观既相互渗透，又相互区隔。项目绿地面积达 7 513 平方米，绿地率 35.2%。

06

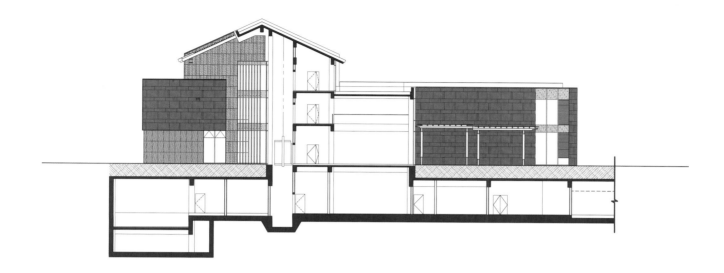

单体 A 内庭院剖立面图

06 临湖会所单体
07 会所单体

08 会所单体
09-10 建筑细部
11 庭院一角

11

12 走道
13 庭院
14-16 室内

MEDEA VIP & GOLF CLUB HOUSE
美的 VIP 及高尔夫俱乐部

项目地点：广东广州
项目进度：2013 年建成
建筑面积：20 000 平方米
建筑设计：RTKL
摄影：Jonathan Leijonhufvud、YiHuai Hu

关键词
立面

项目概况

　　项目是广州新城规划中心的一部分，紧临风景如画的唐河。包含面积为 9 000 平方米的美的 VIP 俱乐部以及面积为 11 000 平方米的高尔夫俱乐部。项目将为该俱乐部成员及周围社区服务。

设计理念

　　VIP 俱乐部的设计理念来自于当地的岭南文化以及场地临河而立的含蓄宁静美。高尔夫俱乐部的设计理念来自于场地本身的动态感以及高尔夫运动中所蕴含的令人振奋的力量感。

01

总平面图

01 俱乐部夜景全景
02 VIP 俱乐部

02

剖面图

03 VIP 俱乐部入口即小广场
04 VIP 俱乐部架空的建筑
05 高尔夫俱乐部瞭望塔及空中酒吧
06 VIP 俱乐部内庭院
07 高尔夫俱乐部

07

SHANGHAI COURTYARD CLUB
上海院子会所

项目地点：上海嘉定区
项目进度：2013 年建成
建筑面积：560 平方米
建筑设计：上海日清建筑设计有限公司
设计团队：宋照青、庞伟华、赵旭彬
摄影：禧山映像

关键词
中式庭院

项目概况

项目地处上海市嘉定区外冈镇，位于百安公路西侧。原规划用地是市政公园的一部分，现在则由路劲集团暂租，在上面精心打造了一个小建筑来作为住宅项目的门户。项目周边是大片的空地，没有城市里高层建筑林立的压抑，反倒是有一种回归自然的感觉。

设计理念

项目本身是作为上海院子的配套会所来进行深化的，设计的初衷不光是将其作为功能上的节点，同时也是作为整个小区的精神上中心来考虑的。现场踏勘的时候，基地本身并没有什么突出的特点，而随后和业主在探讨项目定位和设计思路的时候，提出的院子概念则让设计找到了一个切入的方向。

嘉定有着"千米一湖，百米一林"的景观生态特征，传统的东方风韵至今仍闪烁在老城的街道、河流，尤其是院子中。基地北侧是嘉定的庙泾河，隔河相望的就是上海院子的住宅小区。林荫小道、亲水庭院、河流的相互贯通，是整个项目周边景观体系的主要线索。设计

01 绿意掩映的入口
02 庭院

01

希望表达出一幅隽美的画卷，体现传统的美与优雅。地形水景的勾衬掩映展示出绿水相依的丰富层次，道路的曲折变化和空间的开阖带来处处借景、步移景异的独特视觉感受。结合建筑体量，以一种横向展开的姿态展示出来。建筑造型下轻上重，强调整体的比例与细部的尺度，在继承传统风格的同时又使之赋予现代气息。运用体块穿插手法，虚实对比处理，从而达到强烈的视觉冲击力。主体周边的水景及深色院墙，则给建筑带来片刻宁静，院子文化在这里得到诠释。

建筑本身较小，作为一个住宅小区的售楼处来说也不算大，一层340平方米，二层220平方米，总计也就560平方米。这么小的体量作为售楼功能来说室内空间就显得比较局促了，所以设计将建筑的首层采用纯玻璃肋幕墙形式，形成建筑内部与外部的充分交融，带进室内的不仅是充足的阳光，还有自然的美景和舒畅的心情。而通透整洁的墙面映在河道水面上，增加了一种宁静的感觉。设计通过在建筑的周边围合院墙的布局，来营造出传统院落空间的秩序感，但不是单纯的全封闭，而是选择三面围合，一面放开，将河道的展示面交给了会所本身。同时二层采用镂空砖墙的形式，厚重的立面形式给建筑带来稳重感，也给室内带来丰富的光影变化。二者的结合，强烈的虚实关系对比则给建筑带来了活力。

建筑体量定型之后，在外墙形式和材质的选择上有过多种方案，从全铝板幕墙到全通透玻璃幕墙都作过仔细的比较，最后考虑到与一层的虚实对比，选取了较封闭的石材幕墙，而镂空设计则完全是为了强化室内的采光，同时也是对传统的一种诠释。而为了贴近中国传统建筑的色调，围墙和二楼的外墙选择了黑洞石。

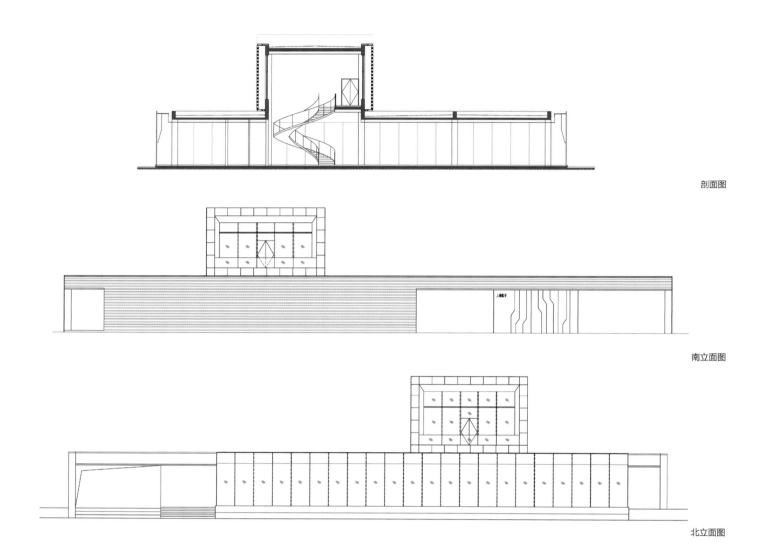

剖面图

南立面图

北立面图

03 夜景
04 庭院水景

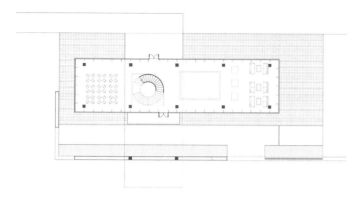

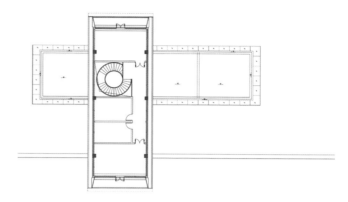

一层平面图 　　　　　　　　　　　　　　　　　　　　　　　　　　　二层平面图